JN309067

有機農業政策と農の再生

新たな農本の地平へ

中島紀一

有機農業選書 2

コモンズ

有機農業政策と農の再生●もくじ

終章　新しい農本の世界へ——大地震・大津波・原発事故の体験をふまえて　172

序章　二一世紀農業の基本は有機農業——本書のねらいと構成

農業のあり方についての枠組み転換

農業のあり方に関して、いま大きな枠組み転換が進もうとしている。

世界の食料情勢は、「過剰と飽食」から「不足と欠乏」へとはっきり転換した。しかも、その「不足」は決して一時的ではなく、長期的・構造的である。

WTO（世界貿易機関）の交渉はいっこうに進展せず、WTOのルールを追求するだけでは世界の食料問題の解決はむずかしいことも世界の常識となってきた。世界は単純な自由貿易主義・市場原理主義では動かないことが明らかになり、食料問題の解決のためにはそれぞれの国々で、伝統と風土を活かした食料自給の取り組みの拡大が何より大切だということも、各国の世論となりつつある。だが、同時に、世界同時不況からの脱却という焦りからか、TPP（環太平洋経済連携協定）への参加推進など、急進的なグローバリズム追求の動きも強まっている。

食料不足なら食料増産だということになるが、地球環境問題が深刻化するなかで、化学肥料や農薬などの資材多投型の増産ではなく、地球環境保全と両立する方向での増産でなければダメだということも、世界的基本原則として認識されるようになってきた。さらに、資材価格は高騰しつつある。資源の制約の面からも、環境の制約の面からも、「多投入型の農業」は根本的見直しが迫られているのだ。

中国製冷凍餃子による中毒事件などからの痛切な教訓は、食べものは単なる商品としてではなく、いのちを育み、文化を育てる営みとして位置づけなければならないということだった。この事件を機に、食に対してもっと心をかけ、手間をかけ、お金をかけていかなくてはダメだという国民意識も育ち始めている。

二〇世紀型「農業近代化」と「食の近代化」の行き詰まり

二〇世紀は、農業近代化が推進された時代だった。その基本路線は、工業生産の展開に支えられて、外部からの資材投入に依存することで生産拡大を図ろうとする方向である。日本の食に視点を移せば、この世紀の後半期には、食の洋風化の名のもとに食の無国籍化が進み、食の近代化の名のもとに食品添加物を多用した食の産業化が進んだ。

それは短期的増産や食料産業の繁栄などのさまざまな効用をもたらしはしたが、全体としてみれば農地の劣悪化や食べものの安全性が失われるなど環境と農業と食の深刻な対立をつくり出した。そして、それぞれの地域の多様な自然条件を農業と食に活かしていくことをむずかしくし、それぞれの地域で長い時代にわたって形成されてきた風土的な農業と食のあり方を壊してきた。自然との密接な関係から農業と食を切り離していく方向性をもっていたのである。その結果、農業は病み、食も病み、そして人びとの健康は損なわれ、自然も壊され、風土的な力は著しく弱くなってしまった。

その過程で、短期的な収益性だけが重視されるようになり、農業や食がもっていた教育的・福祉的、あるいは文化的役割は著しく軽視されていく。二〇世紀型の農業や食の枠組みだけからでは、喪失されてきたそれらを再建していく動きを起こしていくことはむずかしい。

有機農業推進法の制定――二一世紀の課題を受けとめて

食と農に関する時代的危機は、こうした「農業近代化路線」と「食の近代化路線」の根本的見直しを求めている。農業と食はもっと地域に密着し、自然とよい関係を結び、地元の資源を活用して、社会と文化を育む方向へと、基本路線の切り替えが必要となっているのではないか。その中心的あり方を端的に言えば、いのち育む有機農業の推進ということになろう。

有機農業は、単なる無農薬・無化学肥料栽培ではないし、有機ＪＡＳの規格をクリアした農業形態でもない。有機農業は、自然の摂理を活かし、作物の生きる力を引き出し、健康な食べものを生産し、日本の風土に根ざした生活文化を創り出す、農業本来のあり方を再建しようとする営みである。

二〇〇六年一二月に有機農業の推進に関する法律（以下「有機農業推進法」）が「有機農業推進議員連盟」による議員立法で制定された。長い間、民間のいわば異端的な取り組みであり続けてきた有機農業に、法制度的な積極的位置が与えられ、有機農業は官民連携した形で、食と農と自然が結び合った地域農業の再生・革新の方向で、推進され始めている。有機農業推進議員連盟の設立趣意書（二〇〇四年一一月）に記された次のような立法の課題意識には、有機農業推進の原点が示されていると思われる。

「我々は、人類の生命維持に不可欠な食料は、本来、自然の摂理に根ざし、健全な土と水、大気のもとで生産された安全なものでなければならないという認識に立ち、自然の物質循環を基本とする生産活動、特に有機農業を積極的に推進することが喫緊の課題と考える」

有機農業推進法の成立は、まず何よりも、困難ななかで有機農業に取り組んできた生産者、有機農業を支えてきた消費者に対して、大きな励ましとなった。この法律の制定によって、有機農業の取り組みの正当性と意義は国によって積極的に認められることになったのである。

有機農業推進の困難の一つは、行政や農業団体、さらに言えば地域農業社会において、有機農業への無理解が根強いという点にあった。有機農業推進法の制定によってこうした障害が取り除かれる条件が整えられ、また、有機農業に後継者が増え、若い人びとが多く参加する道も開かれた。消費者にとって、農ははるか彼方の存在となり、地元の新鮮な有機農産物を食べたいと思ってもなかなか手に入れにくい状態も続いてきたが、この法律の成立を転機として、消費者にとって有機農業はより身近になっていくだろう。

有機農業第Ⅱ世紀の幕開けへ

長い間、志ある人びとの地道な取り組みにもかかわらず、日本の有機農業は点としての存在をなかなか超えられなかった。もっぱら民間の取り組みによって支えられてきたこれまでの歩みを「有機農業第Ⅰ世紀」とするならば、有機農業推進法制定を期に始まろうとしているこれからの時代は「有機農業第Ⅱ世紀」と位置づけられるだろう。新しい時代への扉を開いた主役は有機農業推進議員連盟だった。谷津義男会長（初代）、ツルネン・マルテイ事務局長をはじめとするメンバーの先見性と法律制定へのご努力に敬意を表したい。

国は、二〇世紀の終わりごろから、食料・農業・農村基本法（一九九九年）で農業の多面的機能の重視を謳い、持続農業法（持続性の高い農業生産方式の導入の促進に関する法律、一九九九年）を制定し、「農林水産環境政策の基本方針」（二〇〇三年）を定め、「食料・農業・農村基本計画」（二〇〇五年）でも日本農業全体を環境と調和した農業へ転換させる方針を打ち出してきた。ところが、なぜか、それらの政策に有機農業を積極的に位置づけることだけはしてこなかった。有機農業推進法の制定は、こうしたバランスを欠いた状況を大きく改善させると考えられる。政策の積み上げだけでは越えられなかった壁が、有機農業推進議員連盟の政治のイニシアティブによって突き崩されたということである。

なぜ、それができたのだろうか。それは有機農業推進議員連盟の議員諸氏の見識ということになろうが、より具体的に言えば、政策の整合性よりも、事柄の重要性を第一に考えるという政治の本来のあり方が示されたということであろう。その意味で、この法律が何よりも有機農業推進の理念を謳ったいわゆる理念法であることの意味を積極的に評価したい。

有機農業第Ⅱ世紀においては、有機農業推進法にも支えられ、有機農業は特殊農業としてではなく、新しい時代に農業が積極的役割を果たしていこうとする取り組みの一般的あり方だと考えられるようになっている。有機農業はいま地域農業再建ビジョンのなかに位置づけられ、生産者と消費者の連携のもとに地域の暮らしづくりとして広がりつつある。筆者は、有機農業推進法の制定と有機農業第Ⅱ世紀の幕開けに尽力してきた一人として、このような視点からの有機農業の新しい取り組みに期待している。

有機農業推進の政策課題・政策論の整理と解明

こうして日本の有機農業はようやく農政上のポジティブな課題と位置づけられるようになってきたが、目まぐるしい進展のなかで、有機農業の理念、政策転換の方向性、政策の社会的基盤、政策展開のあり方などについて、議論が整理されないままに、現実が進んできた。

筆者はこの過程で必要に迫られていくつもの文章を書いてきたので、本書ではとりあえず、筆者自身の有機農業政策にかかわるこれまでの論考を整理して、この課題に関心を寄せる皆さんの参考に供したい。本書は9章から成っている。ここで、その構成について述べておこう。

第1章から第4章は、有機農業推進法とそれに基づく政策展開についての解説である。第1章と第2章では法律そのものと制定後の政策展開について紹介し、第3章では有機農業政策の今後の課題について私見を述べた。第4章では、有機農業推進法と並ぶ有機農業のもう一つの法制度となっている有機ＪＡＳ制度について批判的に考察している。

第5章から第7章は、有機農業と隣接する食べもの(第5章)、環境(第6章)、生物多様性(第7章)という三つの政策領域に関する、有機農業の視点からの論点整理である。第8章ではいのちを育む有機農業の教育力に言及した。

そして、第9章では日本農業の再生・再建の展望について有機農業推進の立場から実践的提言をとりまとめ、終章では二〇一一年三月一一日の東日本大震災と福島第一原子力発電所事故による放射能汚染をふまえた大転換の方向性を論じた。そこでは、有機農業を推進し、日本農業を再生・再建するためには「新しい農本主義」という考え方の確立が必要となると述べている。ここに筆者の現時点での社会に対する問題提起が示されている。読者のみなさまからの積極的なご意見を期待したい。

第Ⅰ部　有機農業推進政策の形成と展開

第1章　有機農業の推進は国と自治体の責務

日本の有機農業にはすでに七〇年以上の長い歴史があるが、有機農業推進法の制定は、その歴史を画する画期的なできごとであった。推進法制定までの有機農業は、志ある先駆者たちの在野の運動として取り組まれ続けてきた。推進法制定を機に、そこに国や地方自治体も推進主体として加わり、有志と有志の二者的な関係だけでなく、地域を場とする公共的な取り組みとして新しい展開が拓かれつつある。「地域に広がる有機農業」への新たなうねりである。

本書の目的は、有機農業推進法制定を機とした第Ⅱ世紀の有機農業を推進するための政策論を整理して提案することにある。そこで本章では、推進法とそれに基づいて国が定めた「有機農業推進基本方針」の概要を紹介することから始めたい。

1　有機農業推進が国と自治体の責務となった――有機農業推進法の概要

内容の骨格

有機農業推進法は二〇〇六年一二月の国会で、まず参議院で全会一致で可決され、続いて衆議院でも全会一致で可決され、同月一五日に施行された。一五条のシンプルな法律であり（本書の巻末に全文収録）、その内容的骨格としては次の四点があげられる。

（1）法律の前提として、有機農業推進の理念として四点が掲げられた。

①誰でも取り組める有機農業

②国民の日々の食卓をつくる有機農業

③消費者が農業を理解し、生産者と手を結ぶ有機農業

④自主性を尊重した有機農業

法律制定の前提として、まず推進の理念を掲げている。これは、先行して施行されていたJAS法（農林物資の規格化及び品質表示の適正化に関する法律）に基づく有機JAS制度が、有機農産物の規格基準の制定から開始されたことと対照的だ。内容的に見れば、食の視点がきちんと位置づけられ、生産者と消費者の連携が基本とされた点が、農業法制として画期的である。

（2）有機農業の推進は、国と地方自治体の責務であると定め、そのために必要な政策項目が

条文として明確に規定された。具体的には、二一・二二ページに述べる第八条から第一五条の八項目である。

(3)国と地方自治体は有機農業者等の民間セクターとの協働で有機農業を進めなければならないと定められた。この規定も、有機農業推進法の際だった特質である。

(4)国や地方自治体は有機農業推進に関する政策と計画をもつことが定められた。国は「有機農業の推進に関する基本的な方針」を策定しなければならず、都道府県は国の「基本方針」をふまえて「有機農業推進計画」を定めるように努めなければならないとされている。

序章で紹介したように、この法律は有機農業推進議員連盟による議員立法である。その立法主旨は、有機農業は正しい農業のあり方であり、国民が支持する取り組みであるから、国や地方自治体はそれを支援する施策を講ずべきだというものである。端的に言えば、国に有機農業推進の方向で政策の転換と修正を求めた法律であり、有機農業推進のための基本法的性格が備えられている。以下、条文について紹介し、解説していこう。

有機農業推進への国の体制づくりの枠組みについての規定

〈目的〉第一条

「有機農業の推進に関する施策の基本となる事項を定める」として、この法律が有機農業推進の基本法的性格を備えていることが規定されている。

〈定義〉第二条

「有機農業」の定義は、「化学的に合成された肥料及び農薬を使用しないこと並びに遺伝子組換え技術を利用しないことを基本として、農業生産に由来する環境への負荷をできる限り低減した農業生産の方法を用いて行われる農業」である。この第二条は、本法のなかでもっとも不十分な規定である。土づくりや自然循環機能など自然の力を活かすという基本的方向性や、安全で品質の良い食べものを供給し、国民の健康に資するという大目的が明記されていないからである（第三条にある程度記載されてはいるが）。

〈基本理念〉第三条

この法律の最大の特徴は、有機農業推進の理念を明確にした点にある。ここでは先に紹介したように、その理念が四点にわたって定められている。

①有機農業は、農業の自然循環機能を大きく増進し、環境負荷を低減する取り組みなので、農業者が容易に従事できるようにすること。

②有機農業は安全で良質な食べものへの需要に対応する取り組みなので、有機農業により生産される農産物を消費者が容易に入手できるようにすること。

③有機農業の推進においては、有機農業や有機農業により生産される農産物について消費者の理解の増進が重要であるので、有機農業と消費者との連携の推進を図ること。

④有機農業の推進は、農業者や関係者の自主性を尊重しつつ、行うこと。

〈国及び地方公共団体の責務〉第四条・第五条

国や地方自治体には有機農業推進の責務があると規定したこの部分が本法制定の最大の眼目である。具体的には次の三点が明記されている。

①国と地方自治体は、前記四点の基本理念にのっとり、有機農業の推進の施策を総合的に策定し、実施する責務がある。

②国と地方自治体は、農業者その他の関係者及び消費者の協力を得つつ有機農業を推進しなければならない。

③政府は、有機農業の推進に関する施策を実施するために、必要な法制上、財政上、その他の措置を講じなければならない。

〈基本方針〉第六条

農林水産大臣は、有機農業推進に関する基本方針を食料・農業・農村政策審議会の議を経て定め、公表することとされている。基本方針の内容は次の四点とされている。

①有機農業の推進に関する基本的な事項

②有機農業の推進及び普及の目標に関する事項

③有機農業の推進に関する施策に関する事項

④その他有機農業の推進に関し必要な事項

〈推進計画〉第七条

都道府県は、国の基本方針に即して、有機農業推進の施策についての計画（推進計画）を定めるよう努めなければならない。

有機農業推進のために国や地方自治体の施策実施を義務づける規定

〈有機農業者等の支援と技術開発等の促進〉第八条・第九条

国と地方自治体は、有機農業者を支援するとともに、技術の研究開発と成果の普及のために、研究施設の整備、普及指導や情報提供など必要な施策を講じる。

〈消費者の理解と関心の増進〉第十条

国と地方自治体は、有機農業の知識の普及、啓発のための広報活動など、消費者の有機農業への理解と関心を深めるために必要な施策を講じる。

〈有機農業者と消費者の相互理解の増進〉第十一条

国と地方自治体は、有機農業者と消費者の相互理解の増進のため、有機農業者と消費者との交流の促進など必要な施策を講じる。

〈調査の実施〉第十二条

国と地方自治体は、有機農業の推進に関し必要な調査を実施する。

〈国及び地方公共団体以外の者が行う有機農業の推進のための活動の支援〉第十三条

国と地方自治体は、国と地方自治体以外の者が行う有機農業の推進のための活動を支援するために必要な施策を講じる。

〈国の地方公共団体に対する援助〉第十四条

国は、地方自治体が行う有機農業の推進施策に関して、必要な指導、助言その他の援助をすることができる。

〈有機農業者等の意見の反映〉第十五条

国と地方自治体は、有機農業推進の施策の策定にあたって、有機農業者その他の関係者及び消費者が意見を述べる機会を設け、その意見を施策に反映させるために必要な措置を講じる。

2　有機農業の計画的推進の開始
――国の第一期有機農業推進基本方針（二〇〇七〜一一年度）の概要

有機農業推進基本方針の策定

有機農業推進法の施行を受けて、二〇〇七年一月に農水大臣は「有機農業推進基本方針」（以下「基本方針」）の策定作業に入った。「基本方針」の審議は法に基づいて食料・農業・農村政策審議会生産分科会（部会長：生源寺眞一東大教授（当時））に委ねられた。

この課題審議のために審議会には臨時委員が選任され、有機農業者を代表して金子美登《よしのり》氏

（埼玉県小川町、全国有機農業団体協議会（当時）代表）が加わった。分科会は三回開催され、きわめて活発な審議が行われた。そこでは、これまでの農政の単なる延長ではなく、議員立法としての意図を積極的に活かして、有機農業推進法に基づく本格的な有機農業推進を図るための「基本方針」を策定すべきだという意見が相次いだ。審議過程で、審議委員の多数が金子氏の農場を視察し、有機農業についての認識を深めつつ、審議が進められた。

審議過程では、農水省から示された「環境保全型農業政策の一環として有機農業を位置づけ推進する」という方向提起に異論が続出する。有機農業が環境保全に資する農業であることは明らかだが、環境保全型農業はすでに農水省として体系化され、実施されている一つの施策体系である。有機農業をその施策体系の一部に位置づけるだけでは、あえて独立した法律を策定して有機農業推進を図ろうとする立法の意図は活かせないというのが、異論の中心だった。

こうして、有機農業の独自の理念と意義に則して、有機農業の推進方針を策定し、そうした有機農業推進施策が既存の環境保全型農業推進施策とも連携しながら進められるという枠組みが適当ではないかとの方向で審議会の合意が図られた。そして、パブリックコメントをふまえた三月末の審議会で「基本方針」案が了承される。それを受けて農水大臣は四月末に「基本方針」を公表した（本書の巻末に全文収録）。有機農業推進法の制定・施行から四カ月あまりのことであり、国の対応は迅速であった。

策定された「基本方針」には、有機農業推進法で定められた有機農業推進の理念に基づいて、国や地方自治体が有機農業者などと協力して有機農業を推進していく姿勢と方針が明確に示された。そこでは、有機農業推進のための国、地方自治体、地域での体制づくりと、誰もが有機農業に取り組めるようにするための技術開発の二つを大きな柱として、第一期五年間を本格的な有機農業推進のための条件整備期間として位置づけている。

「基本方針」のこうしたあり方については、消極的にすぎるのではないかとの意見も一部で聞かれた。しかし、それまで国は有機農業の推進にほぼまったく取り組んでおらず、自治体においても有機農業者の実態すらほとんど把握されていない。さらに、全国レベルでも地域レベルでも、有機農業者との連携体制もまったく未構築だった。こうした当時の状況からすれば、条件整備期間五年という設定はむしろ適切な判断だったと言えるだろう。

条件整備のおもな内容は、①都道府県での「推進計画」の策定、②国、地方自治体の各段階での有機農業者や消費者との協働推進体制の確立、③有機農業の技術開発、④有機農業者への支援策の実施、⑤消費者の有機農業理解の促進、などである。

「基本方針」の概要

ここで策定された「基本方針」の概略を紹介しておこう。有機農業推進法の定めに基づいて、第一〜第四の四つの柱で構成されている。

第一　有機農業の推進に関する基本的な事項

有機農業推進の理念を政策論の視点から敷衍している。有機農業推進法では推進の理念は四項目に整理されているが、「基本方針」では推進法での第一理念を二つに分けて、「技術開発」と「生産・流通支援」とし、五項目となっている。他の項目は「消費者の消費促進の支援」「有機農業者・関係者と消費者との連携の促進」「農業者等の自主性の尊重」である。

第二　有機農業の推進及び普及の目標に関する事項

「技術の開発・体系化」「普及指導の強化」「消費者の理解の促進」「都道府県推進計画の策定と推進体制の強化」の四項目が掲げられている。二〇一一年度までの具体的目標については次のように定められた。

①技術の開発・体系化

安定的に品質・収量を確保できる技術体系の確立をめざす。

②普及指導

普及指導員による指導体制をすべての都道府県で整備する。

③消費者の理解の促進

有機農業は化学肥料や農薬を使用せず、環境と調和のとれた農業であるという知識をもつ消費者を五〇％以上とする。

④都道府県推進計画の策定と推進体制の強化
　全都道府県と五〇％以上の市町村で、推進体制を整備する。

第三　有機農業の推進に関する施策に関する事項

「有機農業者等の支援」「技術開発等の促進」「消費者の理解と関心の増進」「有機農業者と消費者の相互理解の増進」「調査の実施」「民間の有機農業推進活動への支援」「国の地方公共団体に対する援助」の七項目が掲げられている。

①有機農業者等の支援

「持続農業法」や「農地・水・環境保全向上対策」を活用した支援が書かれているが、期待感が高かった「有機農業直接支払い」へは踏み込まなかった。一方、地域での推進体制の確立支援については次のような踏み込んだ記述があり、注目される。この記述がもとになって二〇〇八年度からの「地域有機農業推進事業」（いわゆる有機農業モデルタウン事業）が構築され、大きな波及効果を生んだ。

「有機農業による地域農業の振興を全国に展開していくため、国は、そのモデルとなり得る有機農業を核とした地域振興計画を策定した地域に対し、当該地域振興計画の達成に必要な支援を行うとともに、有機農業者、地方公共団体、農業団体、有機農業の推進に取り組む民間の団体等の協力を得て、地域における有機農業に関する技術の実証及び習得の支援を行う」

また、有機農業への新規参入就農者を支援するために、国、地方自治体、農業団体の職員に対して情報の提供、有機農業の意義や実態、有機農業支援のための施策の知識、有機農業の技術習得などのための研修実施も掲げられた。

②技術開発等の促進

民間技術の発掘と体系化が基本的な課題として掲げられている。従来の国の技術開発政策は、試験研究機関で開発された技術を普及指導機関をとおして現場に広げていくという、上から下への流れの構築が基本とされてきた。しかし、有機農業においては、国の試験研究機関に技術開発の蓄積がほぼ皆無だった事情もあって、民間技術の掘り起こし、体系化、民間で確立された技術の科学的解明など、民間・草の根の技術力とそのネットワーク化による開発普及、民間との協働の重視が提起されており、以下の記述が注目される。

「有機農業者を始め民間の団体等で開発、実践されている様々な技術を探索するとともに、これらの技術を適切に組み合わせること等により、品質や収量を安定的に確保できる有機農業の技術体系を確立するため、当該技術の導入効果、適用条件を把握するための実証試験等に取り組むよう務める」

これに関連して、農水省の染英昭技術総括審議官(当時)は、インタビューに答えて次のように述べている。「有機農業の技術論的な解明」を積極的に位置づけた注目すべき発言である(『農業共済新聞』二〇〇七年五月二三日)。

「有機農業は民間の熱意のある人たちの手で推進されてきた。農林水産省はこれまで環境保全型農業の推進には取り組んできたが、この延長線上で有機農業が成り立つかというとなかなか難しい。有機農業に科学の目を当て、普遍化していく作業から取り組む必要がある」

③消費者の理解と関心の増進

国や地方自治体の課題として、次のように書かれている。

「有機農業に対する消費者の理解と関心を増進するため、有機農業者と消費者との連携を基本としつつ、インターネットの活用やシンポジウムの開催による情報の受発信、資料の提供、優良な取組を行った有機農業者の顕彰等を通じて消費者を始め、流通業者、販売業者、実需者、学校関係者等に対し、自然循環機能の増進、環境への負荷の低減、生物多様性の保全など、有機農業の有する様々な機能についての知識の普及啓発並びに有機農業による農産物の生産、流通、販売及び消費に関する情報の提供に努める」

④有機農業者と消費者の相互理解の増進

国や地方自治体の課題として、次のように書かれている。

「有機農業者と消費者の相互理解の増進を図るため、食育や地産地消、農業体験学習、都市農村交流等の活動と連携して、地域の消費者や児童・生徒、都市住民等が地域の豊かな自然環境の下で営まれる有機農業に対する理解を深める取組の推進に努める」

第四　その他有機農業の推進に関し必要な事項

「関係機関・団体との連携・協力体制の整備」「有機農業者等の意見の反映」「基本方針の見直し」の各項目が掲げられている。

①関係機関・団体との連携・協力体制の整備

行政内部の連携体制の整備確立、行政と民間との連携体制の整備確立、技術開発にかかわる試験研究機関、行政、有機農業者、農業団体等の参画を得た意見交換などの推進が掲げられている。

②有機農業者等の意見の反映

国や地方自治体の課題として、次のように書かれている。

「有機農業の推進に関する施策の策定に当たっては、意見公募手続の実施、現地調査、有機農業者等との意見交換その他の方法により、有機農業者その他の関係者及び消費者の当該施策についての意見や考え方を積極的に把握し、これらを当該施策に反映させるよう務める」

③「基本方針」の見直し

「基本方針」はおおむね五年を期間として定期的に見直すとされている。二〇一一年は見直しの年であるが、「基本方針」推進の現状は道なかばとさえ言えない初歩的状況にある。どのような見直しがはかられるのかを注目していきたい。

第2章　有機農業推進法の制定過程と政策展開

本章では、前述した有機農業推進法の制定と「有機農業推進基本方針」(以下「基本方針」)の策定に至る経過とその後の政策の展開過程について跡づけることにしたい。まず、有機農業推進法にかかわる二〇〇四年秋から一〇年末までのプロセスの時期区分について述べておきたい。六年あまりの短い期間ではあるが、内容的にはかなり異なる三つの時期に区分できる。

第Ⅰ期は、二〇〇四年秋の有機農業推進議員連盟設立から〇六年一二月の有機農業推進法制定までである。要約すれば「推進法制定期」となる(二〇〇四〜〇六年度)。

第Ⅱ期は、有機農業推進法の制定後、国の「基本方針」の策定、予算措置に伴う推進政策の始動、都道府県の推進計画の策定、そして民主党への政権交代後の「事業仕分け」による「地域有機農業推進事業」(有機農業モデルタウン事業)の廃止までである。要約すれば「推進施策の構築展開期」となる(二〇〇七〜〇九年度)。

第Ⅲ期は、有機農業モデルタウン事業廃止以降、国による推進施策が有機農業推進法と「基本方針」からのズレが目立ち始め、民間の視点からすれば推進施策はやや迷走を始めたと考えざるを得なくなりつつある現在までである。要約すれば「推進施策の迷走期」となる(二〇一〇年度以降)。

1　制定の準備過程(二〇〇四〜〇六年度)

有機農業推進法は、有機農業推進議員連盟が準備し、提案し、国会の全会一致の議決を得て、制定されたものであり、主導したのは議員連盟にほかならない。だが、制定過程では、法案内容の検討、農水省の受けとめ体制づくり、制定を求める有機農業者などの民間運動に関して、議員連盟以外のセクターが果たした役割もあった。

日本有機農業学会による法試案の提案

法案内容の準備に関して、有機農業推進議員連盟と連携しつつ積極的な役割を果たしたのは日本有機農業学会である。

議員連盟は発足後、有機農業関係者の意見を聞く勉強会を積み重ねてきた。その過程で、日本有機農業学会(筆者が当時の会長を務めていた)との交流が始まっていく。学会は以前から独自に有機農業推進政策に関する研究活動を進めてきており、二〇〇四年四月には足立恭一郎理事、本城昇副会長を中心として有機農業政策研究小委員会を設置し、内外の有機農業にかかわる法制度等の資料を収集するなどの研究活動に取り組んでいた。

さらに、議員連盟との交流のなかで、その法案準備の取り組みに呼応すべく、二〇〇五年三月に小委員会内に「法案検討タスクホース」を立ち上げる。そして、議員連盟との現地検討会をふまえて、八月一八日に学会として有機農業推進法試案を提案した。有機農業推進法の法案は議員連盟が独自に作成したものだが、その際にこの試案が参考とされている(試案の全文は日本有機農業学会編『有機農業研究年報5有機農業法のビジョンと可能性』コモンズ、二〇〇五年、に収録)。

試案は全二五条で、有機農業推進の基本法的性格をもつ法案として構成されていた。おもな内容的ポイントは以下の三点である。

①有機農業推進施策は有機農業の定義から始めるのではなく、有機農業推進の基本理念を明確にし、施策はそれを基盤として構築すべきだと考える。

②有機農業はすでに三〇年余の実績のある農業実践であり、その振興のためには、現実の有機農業がかかえている問題点や課題を解決し、展開の展望を拓いていく現実的かつ総合的な施策の束が必要である。

③施策の構築や運営には有機農業に見識のある有機農業者の主導性の確保が大切で、そのために「有機農業推進検討委員会」を設置すべきである。

有機農業推進議員連盟による法案作成

有機農業推進議員連盟は、日本有機農業学会からの試案提案も受けて、二〇〇五年秋から独自の法案作成作業に入った。〇六年四月には議員連盟原案が確定し、各党での検討、農水省との協議をふまえて、一一月に国会に上程する最終案をまとめている。学会試案が提起した前述の三点は、最終法案では次のような扱いとされた。

①有機農業推進の理念の明記とその法律における位置づけ

学会の提案がほぼ受け入れられた。ただし、学会試案では有機農業推進法は単なる個別農業法ではなく、農と食の分断、自然と離脱する近代化施策などを厳しく振り返り、農業の全体的あり方を問い直し、食と健康、暮らし方などを全体として見直していく総合法制として構想されていたが、議員連盟法案はそこまでは踏み込んでいない。

②具体性のある総合施策の構築

法文に個別的な施策項目はある程度書き込まれたが、施策の構築は政府の責任とされ、国による「有機農業推進基本方針」に委ねられた。地方自治体の対応については、議員連盟法案では都道府県も国の「基本方針」をふまえて有機農業推進計画を策定するという条項が加えられ、学会試案よりも自治体の施策推進を重視する構成となっている。

③施策構築と運営に関する民間のイニシアティブの尊重

有機農業推進検討委員会の設置という提案は採用されず、国の「基本方針」審議は食料・農業・農村審議会に委ねられた。有機農業の専門家による政策検討の機関としては、「基本方針」の記述に基づいて「全国有機農業推進委員会」が設置され、活発な論議がかわされたが、民主党政権の「政治主導」方針に基づく一律措置で二〇〇九年末に廃止されてしまった。また、第一五条には「国及び地方公共団体は、有機農業の推進に関する施策の策定に当たっては、有機農業者その他の関係者及び消費者に対する当該施策について意見を述べる機会の付与その他当該施策にこれらの者の意見を反映させるために必要な措置を講ずるものとする」と規定されるなど、民間とのコラボレーションについての積極的な書き込みがなされた。

以上のように、学会による法試案の提案と比較すると、理念法として制定された有機農業推進法は、推進の基本理念については明確に書き込まれたが、その踏み込みはなお不十分であり、推進施策の構築や運営については、そのあり方を法で規定し、具体的内容は政府の立案に委ねるという枠組みとなっている。一方で、地方自治体での施策構築については積極的に位置づける構成となった。

農水省の対応と変化

農水省の有機農業に対する対応は、歴史的にみれば、「有機農業という発想は荒唐無稽だ」「有機農業の考え方は間違っている」「乾燥冷涼なヨーロッパでは成功する場合もあるかもしれないが、アジアモンスーンの日本では実行は不可能」「有機農業は地域農業の秩序を乱す有害な動きだ」といった認識が主流となっており、基本的に完全否定・完全否認であった。

　こうした頑なな拒否・拒絶対応に変化が現れ始めたのは一九八〇年代のなかばからである。それは、農業生産政策の側面からではなく、農村地域政策の側面からの認知であった。具体的には構造改善局（現在の農村振興局）としての小さな調査事業の着手である。

　一九九〇年代になると、農産物流通における表示のあり方をめぐる社会的混乱を農水省主導（食品流通局、現在の消費・安全局）で整理するという視点から、「有機農産物等の特別表示ガイドライン」の策定作業が開始された。この取り組みは、九九年のコーデックス委員会（ＦＡＯ（国連食糧農業機関）とＷＴＯによって設置された国際食品規格委員会）における「オーガニックガイドライン」の合意、それに対応したＪＡＳ法改正と有機ＪＡＳ制度の構築、施行となって、現在まで続いている。それは、国は有機農業については価値中立的で、公正な表示の確保をグローバルな視点から推進するという対応に終始しており、認知はするが価値判断には踏み込まないというものである。

　一方、農産園芸局（現在の生産局）では、一九八九年に農産課内に「有機農業対策室」を設置する。九二年に策定された「新政策」（「新しい食料・農業・農村政策の方向」）では、「環境保全型農業の推進」が一つの柱として位置づけられ、その後の農業環境政策構築の起点となる。この政策導入に伴って、有機農業対策室は環境保全型農業対策室に改称された。環境保全型農業政策は農薬や化学肥料の使用削減を主としたものだったが、農水省としてのその後の政策整理のなかで、有機農業は環境保全型農業の一類型としての位置づけが与えられることになる。

こうした経過のなかで、農水省の有機農業への政策対応は、当初の完全否定・完全否認からかなり変化し、有機農業推進議員連盟が設立された二〇〇〇年代なかごろには、是々非々で対応するという状況となっていた。当時の農水省の対応は、次のようなものである。

①有機農業は環境保全型農業の一形態として、その積極的意義は認める。

②しかし、有機農業にも畜糞堆肥の大量施用による環境への窒素負荷などの問題点もあり、一概に有機農業推進を言うことはできない。

③環境保全型農業については推進の法制度はすでにできており、有機農業についてだけ追加の法制度を策定する必要はない。

しかし、二〇〇六年一月の国会で、民主党のツルネン・マルテイ議員（有機議員推進議員連盟事務局長）による代表質問に対して、中川昭一農水大臣（当時）は要旨次のように答弁する。それは、国は有機農業を国民が支持する農業のあり方だと捉え、国として有機農業を推進していくという態度を表明したもので、たいへん大きな変化だった。

①有機農業は環境保全に大きな貢献をする農業である。

②有機農産物に対する消費者のニーズは高い。

③しかし、技術的問題点もあり、まだ幅広い普及には至っていない。

④農水省はこれまでも有機農業の普及のためにさまざまな取り組みをしてきた。

⑤新たな支援法の制定は考えていない。
⑥生産者、消費者、国民全体が環境保全のために有機農業を理解していくように、議員各位も指導いただきたい。

また、二〇〇六年五月には有機農業団体有志と中川農水大臣との懇談会がもたれ、その席で農水省生産局の審議官は「国として有機農業は究極の環境保全型農業だと考えており、これからも推進に努めたい」と述べた。六月には有機農業推進法が立法されることを見越して、省内に対応プロジェクトが設置され、九月からは同プロジェクトと有機農業推進団体との意見交換会も頻繁に開かれていく。すなわち、一一月に国会に有機農業推進法案が提案される段階で、農水省は同法を受け入れ、有機農業を積極的に推進する立場に態度変更していたのである。

なお、法案の国会提出にあたって、事前に議員連盟と農水省の話し合いがもたれた。そこでは農水省から、①「有機農産物」という言葉は有機ＪＡＳ制度ですでに使われているので、有機ＪＡＳ制度以外の有機農業の生産物も含む名称として「有機農産物」を使うのは避けてほしい、②有機農業推進には予測できないむずかしさもあると思われるので、数値目標設定を法律で明記するのは避けてほしい、などの要望が伝えられる。

議員連盟はこれを了承し、法案の一部が訂正されて国会に上程され、法律となった。このため、有機ＪＡＳ制度に基づく「有機農産物」と有機農業推進法に基づく「有機農業により生産される農産物」という二つの表現が、法律的用語としてつくられることになった。

2　始動した有機農業推進施策（二〇〇七〜〇九年度）

有機農業推進に踏み出した農水省

有機農業推進法が制定され、「基本方針」が策定されたといっても、国の側に具体的な政策推進の準備はなかった。国としての有機農業推進体制もつくられておらず、予算的準備もない。二〇〇七年度の有機農業関連予算は、わずか五四〇〇万円にすぎなかった。そのため第Ⅰ期の一年目となった〇七年度は、有機農業推進法と「基本方針」の都道府県への周知、有機農業推進広報の開始、全国有機農業推進委員会の設置、有機農業技術開発のスタート、有機農業推進事業の組み立てと予算措置など、国としての基礎的な準備作業に当てられる。

有機農業推進広報については、農水省本館一階にあった「消費者の部屋」での有機農業の企画展示が一〇月末の一週間、取り組まれた。題して「有機農業の世界」。有機農業推進団体の全面的協力による手作りの展示会となり、一〇〇〇名を超える来訪者があり、心豊かな盛り上がりがあった。会場には一般市民だけでなく農水省職員の来訪も多く、この企画を機に農水省内での有機農業理解は広がったと思われる。農水省庁舎で初めての有機農業イベントの成功は、その後の取り組みの弾みとなった。

同じ一〇月には、全国有機農業推進委員会が発足する。会長：中島紀一、会長代理：金子美登、委員には有機農業者の魚住道郎氏、消費者団体の若島礼子氏、大地を守る会の藤田和芳氏、パルシステム生協の若森資朗氏、作家の島村奈津氏、イオンの寺嶋晋氏らも加わり、多彩な顔ぶれの委員会となった。第一回委員会の結びでは、農水省の佐々木昭博大臣官房審議官（当時）が「物事の普及には一定の転換点があり、ある点を超えれば一気に普及していくものである。この転換点をどのように早めていくかを考えながら取り組んでいきたい」と、農水省としての有機農業推進への決意を表明している。

有機農業総合支援対策のスタート

二〇〇八年度からは生産局の予算枠組みとして「有機農業総合支援対策」が構築され、国が予算措置をする有機農業推進事業がスタートした。内容は、「参入促進事業」「普及啓発事業」「調査事業」「有機農業等指導推進事業」「地域有機農業推進事業」「地域有機農業施設整備事業」などで、総額約四億五〇〇〇万円である（図１）。〇九年度もこの事業枠組みと予算規模はほぼ踏襲された。

予算事業のほぼすべてが民間公募の事業で、公募審査の結果、「参入促進事業」は有機農業技術会議（西村和雄代表）が、「普及啓発事業」は全国有機農業団体協議会（金子美登代表）が、「調査事業」は日本有機農業研究会（佐藤喜作理事長）が受託する。他の農政分野の諸事業と比べれば事業金額規模はあまりにも小さいが、とにかくも国の予算が有機農業推進に投入される

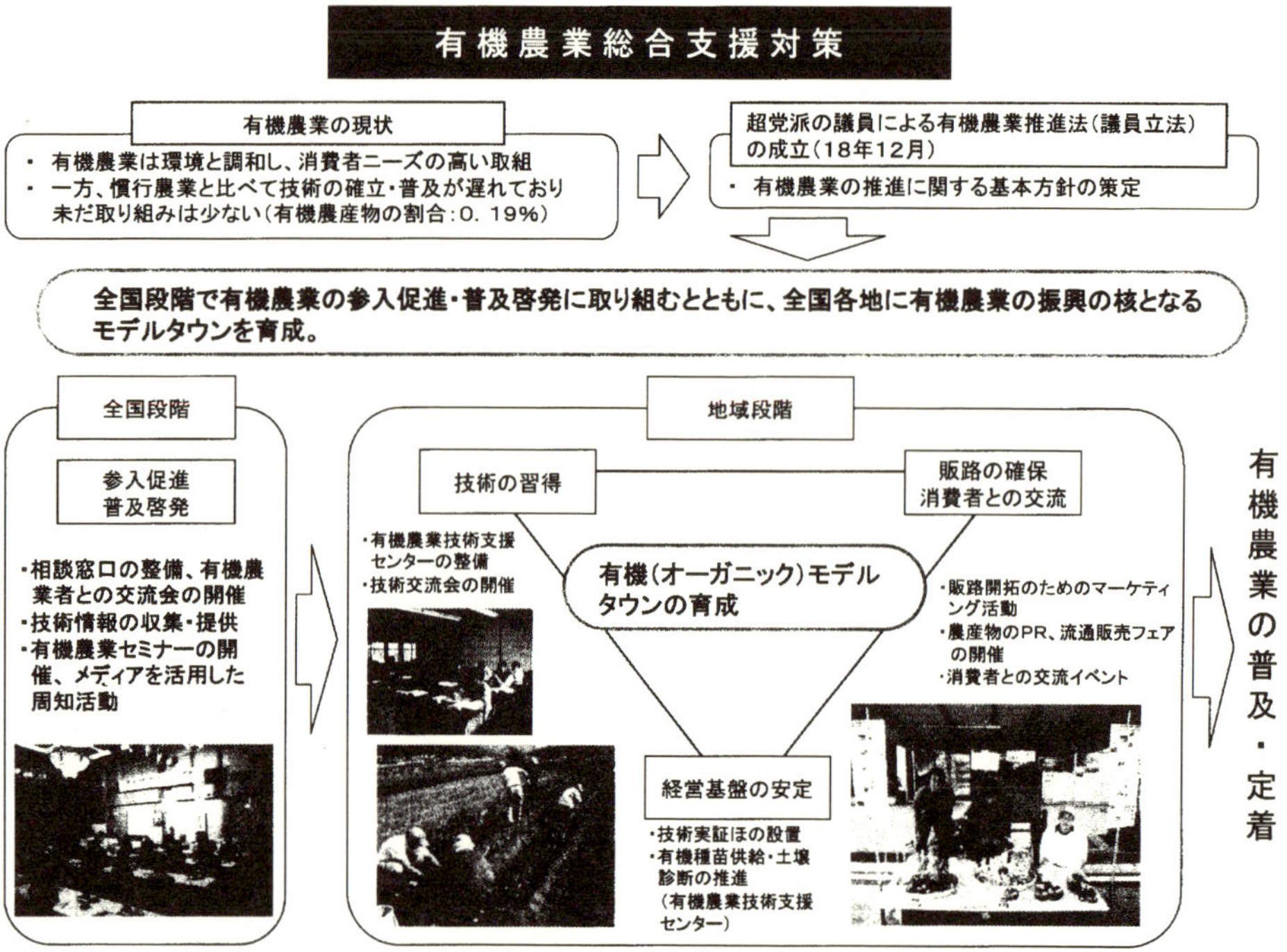
有機農業総合支援対策
有機農業の現状
・有機農業は環境と調和し、消費者ニーズの高い取組
・一方、慣行農業と比べて技術の確立・普及が遅れており未だ取り組みは少ない（有機農産物の割合：0．19%）
超党派の議員による有機農業推進法（議員立法）の成立（18年12月）
・有機農業の推進に関する基本方針の策定
全国段階で有機農業の参入促進・普及啓発に取り組むとともに、全国各地に有機農業の振興の核となるモデルタウンを育成。
全国段階
参入促進
普及啓発
・相談窓口の整備、有機農業者との交流会の開催
・技術情報の収集・提供
・有機農業セミナーの開催、メディアを活用した周知活動
地域段階
技術の習得
・有機農業技術支援センターの整備
・技術交流会の開催
販路の確保
消費者との交流
・販路開拓のためのマーケティング活動
・農産物のPR、流通販売フェアの開催
・消費者との交流イベント
有機（オーガニック）モデルタウンの育成
経営基盤の安定
・技術実証ほの設置
・有機種苗供給・土壌診断の推進
（有機農業技術支援センター）
有機農業の普及・定着

図1　2008年度の有機農業総合支援対策（有機農業モデルタウン事業等）の概要

ようになったこと自体が、有機農業の歩みにおいては大きな画期であった。

農水省の体制としては、環境保全型農業推進室に有機農業担当が置かれるという形からスタートした。そして、省内再編で二〇〇八年度夏に農業環境対策課が新設され、その中に正式に有機農業推進班が置かれ、班長には課長補佐が配置された。こうして、国としての有機農業推進のための一応の体制が整えられたのである。

有機農業モデルタウン事業の展開

農水省の「有機農業総合支援対策」のなかで、もっとも注目すべき事業は、「有機農業モデルタウン事業」(地域有機農業推進事業)だった。これは市町村などに設置される「地域有機農業推進協議会」を事業主体とする公募事業で、当初の事業設計では一地区四〇〇万円(上限)のソフト事業。年度ごとの応募、審査ではあるが、五年程度の継続を標準形として想定されていた。二〇〇八年度は四五地区、〇九年度は五九地区が採択されている。

この事業では、地域で有機農業推進活動に取り組んでいる有機農業者を中心として、市町村、農業団体、消費者などが参加する「〇〇地域有機農業推進協議会」が事業主体となる。取り組みの実際は多彩だが、農水省側の事業目的は三点、メニューは四点あげられた。

〈事業目的〉

①有機農業者の育成・確保

②有機農産物の生産・流通・販売の拡大・定着
③消費者の理解と関心の増進
〈事業メニュー〉
①有機農業参入希望者に対する相談窓口の設置
②有機農業技術の実証圃の設置
③有機農産物の流通・販売促進活動
④有機農産物実需者との交流活動
〈二〇〇八年の実績概要〉
ａ有機農業者の数は八〇％の地区で増加
ｂ有機農業参入への相談件数は二九二件から八四五件に増加
ｃ有機農業研修会への参加者は六八二名から五〇八九名に増加
ｄ有機農業の栽培面積は八九％の地区で増加
ｅ有機農産物の収穫量は八一％の地区で増加
ｆ有機農産物の取扱金額は九一％の地区で増加

ただし、有機ＪＡＳ認証の取得者数は、増加地区が三八％、変化なし地区が四四％、減少地区が一九％である。有機ＪＡＳ制度に関しては、この事業は顕著な促進効果はあげていないようであった。

有機農業モデルタウン事業の内容的成果

有機農業モデルタウン事業の取り組みでとくに重要と思われることとして、下記の諸点を指摘できる。

第一は、有機農業者が地域的にまとまって行政との連携体制を組んだという点である。これは他の農政分野ではごく普通に行われてきたことだが、有機農業分野では、農業者と行政が連携できてきた例は希だった。有機農業者側に農政批判の意見が強いこと、行政側に有機農業への理解がなかったこと、双方にどちらかと言えば離反の意識が強かったこと、などがその背景にあったものと推察される。内情を探ると、モデルタウンの申請にあたって、この連携の構築が困難であったという例が多かったようである。この連携がつくれずに申請を断念した例も少なくなかったと聞いている。

第二は、事業をスタートさせてみると、モデルタウン事業への周辺の期待感はたいへん高いことがわかった点である。講演会、交流会、講習会などの取り組み事業のほとんどは、主催側の予想を超えた参加者を得て大盛況だった。有機農業推進は時代の流れであり、多くの世論の支持と期待があることが実証されたのである。

第三は、一般市民からの期待や関心もさることながら、新しく農業を始めようと希望する人たちがモデルタウンに集う流れが加速しているという点である。二〇一〇年に入って、農業への新規参入は一種のブーム化しつつあるが、新規参入志望者の多くは有機農業を希望している。しかも、そうした志望者は、まずモデルタウンにアクセスするという流れができ始めているようなのだ。地域農業に新しい担い手を求めたければ、有機農業モデルタウン事業に名を連ねるのが近道だといった状況が見えてきている。

第四は、こうしたなかで、四〇〇万円という小規模ソフト事業であるにもかかわらず、この事業を一つの核としながら、地域農業に新しい活力が生まれ始めているという点である。有機農業は従来の農政方向とはかなり異なる側面をもっているが、だからこそ地域農業の新しい道が開かれ得るという構図が示唆される。

有機農業技術開発への取り組みと都道府県での有機農業推進計画の策定

試験研究の強化に関しては、独立行政法人農業・食品産業技術総合研究機構が国からの運営費交付金を使って、二〇〇八年度から五年計画の「有機農業の生産技術体系の構築と持続性評価法の開発」(略称：日本型有機農業)と、〇八年度から三年計画の「有機自給飼料生産技術の確立とこれを用いた日本短角種オーガニックビーフ生産の実証」(略称：有機短角)の大型プロジェクト研究を開始した。さらに、国からの委託による総合研究として〇九年度から五年計画で「省資源型農業の生産技術体系の確立(有機農業型)」をスタートさせている。都道府県でも、北海道、岩手県、福島県、栃木県、新潟県、愛知県、兵庫県、鳥取県、島根県、佐賀県などで有機農業に関する試験研究を開始した。

普及指導強化の側面での取り組みは、本格的にはこれからという状況ではあるが、国の農林水産研修所つくば館では「農政課題解決研修」の一環として「有機農業普及支援研修」が実施されている。これは、有機農業推進法制定以前から実施され、人気を博してきた研修の継続である。都道府県における普及指導の強化については、行政、試験研究、普及指導の連携体制の確立(担当チームの設置など)、普及指導経験の交流などが取り組まれ始めている。

都道府県においては、国の「基本方針」を受けて「有機農業推進計画」の策定作業が進められ、二〇一〇年一二月には、四三の都道府県で計画策定が終了した。そこでは地域の有機農業者、消費者、関連事業者との協働体制構築が重要課題とされており、計画策定作業は、都道府県当局と有機農業関係者とのコミュニケーションを促すことにもなった。それぞれの地域における有機農業実態調査なども幅広く実施され、地域の有機農業の実像把握も進められていく。

民間における推進体制の構築

有機農業推進法の制定を受けて、民間での推進体制構築も多彩に展開している。ここでは、全国的に活動している民間団体の設立、整備について紹介しておこう。

推進法制定以前から活動していた団体としては一九七一年に設立されたNPO法人「日本有機農業研究会」(略称：日有研、佐藤喜作理事長)があり(有機農業総合支援対策の「調査事業」を担当）、学術研究団体としては九九年に設立された「日本有機農業学会」（岸田芳朗会長）がある。

推進法制定に先立って、全国的に活動を展開していた有機農業推進団体は、共同で任意組織「全国有機農業団体協議会」（略称：全有協、金子美登代表）を設立した（二〇〇六年八月）。二〇〇七年三月に同協議会はＮＯＰ法人に改組され、名称を「全国有機農業推進協議会」と改め、推進法下での国や自治体による各種の推進施策の民間側の受け皿組織の役割も果たしている。全有協の設立準備段階では日有研も参加する方向で事前協議が進められていたが、設立間際に参加辞退の意志が伝えられ、全有協は日有研を除く有機農業の全国的推進組織となった（有機農業総合支援対策の「普及啓発事業」を担当）。

また、有機農業推進の技術運動に取り組んでいた民間技術リーダーたちは、有機農業の技術確立をめざす全国ネットワークを設立している（二〇〇六年六月）。この組織は二〇〇七年九月にＮＰＯ法人に改組され、名称も「有機農業技術会議」（明峯哲夫代表）と変更された。そして、現場における有機農業技術の確立と普及の取り組みを強め、独立行政法人や都道府県の試験研究機関との対話を広げつつある（有機農業総合支援対策の「参入促進事業」を担当）。

さらに、有機農業モデルタウン事業を機として幅広い展開が始まった「地域に広がる有機農業」の交流推進組織として「有機農業推進地域連携会議」（設立時の代表は菅良二今治市長、事務局は今治市役所）が設立された（二〇〇九年三月）。

このように短期間でのあわただしい対応ではあったが、推進法を前向きに受けとめて、取り組みの輪を広げていこうとする民間の体制も、おおむね整えられてきたと言えるだろう。

3 政権交代・事業仕分けによる政策推進の暗転(二〇一〇年度以降)

このように、有機農業推進法制定をふまえた有機農業推進施策は順調にスタートし、本格的な広がりに進もうとしていた。そして、二〇〇九年八月に政権が交代する。有機農業推進施策においてはおおむね追い風となるだろうという見通しが一般的であった。

ところが、二〇〇九年一一月に実施された内閣府行政刷新会議による事業仕分けで、有機農業モデルタウン事業が突然、「廃止」と判定される。前述したとおり、この事業は有機農業総合支援対策のなかで、もっとも政策効果が高かった。これからの有機農業推進において中心的な方向として期待される「地域に広がる有機農業」の構築と普及のためのモデル事業として、注目と期待が集まっていたのである。〇九年七月には農水省の主催で「全国有機農業モデルタウン会議」が開催され、農水省の講堂を埋め尽くす参加者でたいへん有意義な内容となり、今後の継続開催も期待されていた。

事業仕分けは、わずかな検討時間で、ずさんな事実認識のままにモデルタウン事業の「廃止」を決めたが、この政策判断の誤りは明らかだろう。当然、有機農業の現場や消費者団体からは激しい批判の声が巻き起こった。こうした世論の批判にも対応して、農水省は地域の有機農業支援の新規施策として、二〇一〇年度に「産地収益力向上支援事業（有機農業推進）」と「強い農業づくり交付金」関連事業を立ち上げる（図2）。

この事業を、廃止されたモデルタウン事業の後継対策と考える向きもあったが、そこでの中心的事業コンセプトは「産地収益力向上」「販売企画力強化」「生産技術力強化」「人材育成力強化」などである。有機農業が有している公共性・公益性を地域づくりに活かしていく「地域に広がる有機農業」の視点は、完全に欠落している。

また、二〇〇九年度までは、有機農業推進施策は「有機農業総合支援対策」という大きな項目でまとめられていた。しかし、二〇一〇年度予算では、この大項目が消えて、「生産総合対策事業」「産地収益力向上支援事業」「強い農業づくり交付金」の三つの総合政策項目に分割配置される。さらに、それらの有機農業推進施策の全体的政策目標として「有機ＪＡＳ認定農産物の生産量を平成二六年度までに五割増加」が掲げられた。これまで有機農業推進法と有機ＪＡＳ制度は一応別個の政策体系とされ、直接関係させられることはなかった。その点に変更が加えられたのである。

一方で、有機農業推進法制定以来、有機農業推進施策の組み立てや進め方については、有機農業推進団体との協議をふまえて行われてきた。ところが、二〇一〇年度予算編成にかかわるこうした大きな変更については、有機農業推進団体との事前協議はなされていない。

民間の意見を国が十分にふまえ、有機農業の動向についての認識を官民が共有し、有機農業

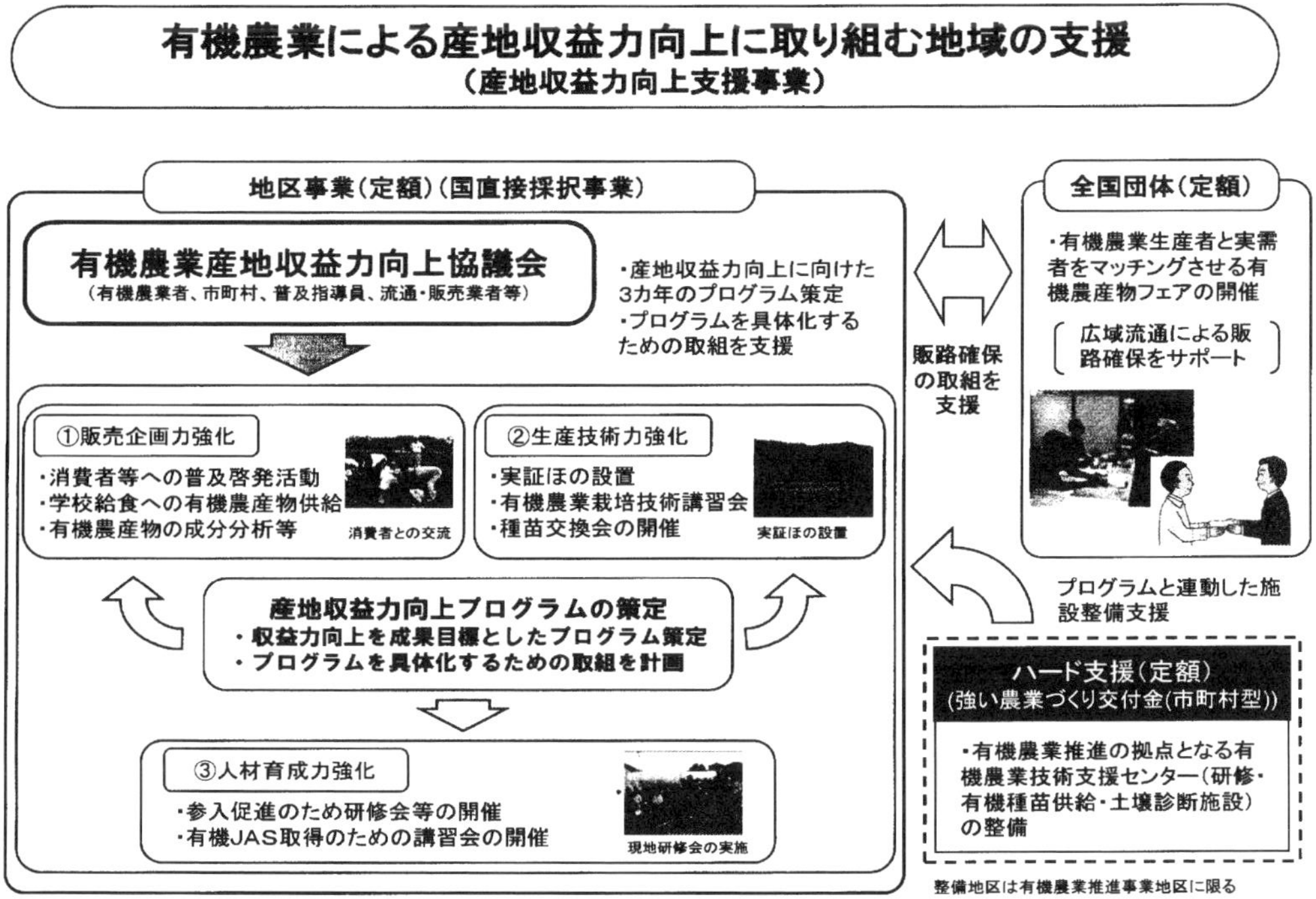
有機農業による産地収益力向上に取り組む地域の支援
（産地収益力向上支援事業）
地区事業（定額）（国直接採択事業）
有機農業産地収益力向上協議会
（有機農業者、市町村、普及指導員、流通・販売業者等）
・産地収益力向上に向けた3カ年のプログラム策定
・プログラムを具体化するための取組を支援
①販売企画力強化
・消費者等への普及啓発活動
・学校給食への有機農産物供給
・有機農産物の成分分析等
消費者との交流
②生産技術力強化
・実証ほの設置
・有機農業栽培技術講習会
・種苗交換会の開催
実証ほの設置
産地収益力向上プログラムの策定
・収益力向上を成果目標としたプログラム策定
・プログラムを具体化するための取組を計画
③人材育成力強化
・参入促進のため研修会等の開催
・有機JAS取得のための講習会の開催
現地研修会の実施
販路確保の取組を支援
全国団体（定額）
・有機農業生産者と実需者をマッチングさせる有機農産物フェアの開催
（広域流通による販路確保をサポート）
プログラムと連動した施設整備支援
ハード支援（定額）
（強い農業づくり交付金(市町村型)）
・有機農業推進の拠点となる有機農業技術支援センター（研修・有機種苗供給・土壌診断施設）の整備
整備地区は有機農業推進事業地区に限る

図2　2010年度の産地収益力向上支援事業の概要

推進政策のあり方をともに協議する場として設けられた全国有機農業推進委員会は、毎回傍聴者が多く、活発な意見交換の場として有効に機能していた(第一回＝二〇〇七年一〇月、第二回＝〇八年三月、第三回＝〇八年七月、第四回＝〇九年六月)。にもかかわらず、政権交代後の民主党の「政治主導」の一律方針のもとで、〇九年度末で突然廃止となる。この一方的な措置によって、有機農業推進法第四条に規定され、また「基本方針」第四―1、2)にも位置づけられた有機農業推進に関する国と民間の協議、協働の場が失われることになってしまった。

政権交代、事業仕分け、それらを受けた二〇一〇年度予算の枠組みは、一一年度予算にほぼ同様に継承されている。二〇一一年度は第一期基本方針の最終年度であり、第二期基本方針の策定審議の年でもある。事業仕分け以降の有機農業推進施策の変化が、策定される第二期基本方針の内容など有機農業推進施策の全体的あり方にどのように影響していくのかについては、見通しが立たない。

だが、二〇一〇年夏の猛暑を経た出来秋米価の下落と混乱のなかで、一時的な人気を呼んだ民主党政権の戸別所得補償制度の魅力は色あせたうえに、菅直人政権発足後に突然浮上したTPP参加論の展開のなかで、民主党の政策は新自由主義的に急旋回しつつある。こうした状況を考えれば、有機農業推進法と第一期基本方針の趣旨に則した前向きな政策展開はなかなかむずかしいと判断せざるを得ないだろう。

有機農業推進施策には、主として食のあり方や食べものの流通に注目した生産と消費の関係性にかかわる「食べもの論的領域」、有機農業生産・有機農産物流通・有機農産物消費を産業として把握する「産業論的領域」、そして有機農業の生産と消費を地域のあり方、暮らしのあり方、人びとの生き方などの幅広い視点から捉える「社会論的領域」がある。前述の政策動向変化のなかで、国の有機農業推進施策への視点は「産業論的領域」に狭く集中するようになり、さらにそれを最近はやりの「強い農業構築論」の視点から扱っていくという流れが強まるであろうと予測せざるを得ない。

4　有機農業推進法を準備し、その後の取り組みを推進した民間の運動

「農を変えたい！全国運動」の結成

本書の冒頭で、日本の有機農業はいま第Ⅱ世紀に移行しつつあると述べた。それは、直接的には有機農業推進議員連盟の設立と議員立法の成果としてもたらされたものであるが、併せて、民間側の農業運動が議員連盟の取り組みと連動し、有機農業推進立法を国民的課題として押し上げたという側面も見逃せない。日本の有機農業運動もこの取り組みのなかで、新しいステージへと移行しようとしている。こうした民間側の農業運動を組織し推進していったのは、「農を変えたい！全国運動」（代表：中島紀一）だった。

「農を変えたい！全国運動」は、有機農業推進を基軸としながら農と食と環境についての新

しいあり方を創っていこうという運動である。各地の草の根の取り組みが交流し、連携しながら全国的政策課題にも積極的に対応していくことを趣旨として結成された。日本の有機農業運動は、一九九〇年代以降の時期に幅広い統合的運動と運動体を形成できずにきたが、「農を変えたい！全国運動」の成立と展開のなかで、遅まきながらも、ある程度の結集が実現しつつあると考えられる。この運動は、幅広い組織化の基本方針として次の六項目を提起している。

☆ひとりひとりの食の国内自給を高めます。

☆未来を担う子どもたちによりよい自然を手渡すため、日本農業を大切にします。

☆農業全体を「有機農業を核とした環境保全型農業」に転換するように取り組みます。

☆「食料自給・農業保全」が世界のルールになるよう取り組みます。

☆食文化を継承する「地産地消」の実践を進めます。

☆新たに農業に取り組む人たちのための条件整備を進めます。

この運動のスタートの契機は、二〇〇五年三月に東京・御茶の水で開催された「有機農業振興政策の確立を求める緊急全国集会」だった。この集会は、全国の草の根運動の有志が主催したものである。〇一年にスタートした有機ＪＡＳ制度は画一的な規格基準論によって有機農業を厳しくしばるばかりで、有機農業の振興にはほとんど機能していなかった。それどころか、逆にこの制度だけが強化される行政的枠組みのもとでは、有機農産物の輸入が増大し、国内の有機農業は衰退を余儀なくされかねない。こうした危機感に駆られての開催であった。集会のメインテーマに「輸入偏重の有機ＪＡＳ制度を見直し、国内有機農業の本格的振興を」が掲げられ、サブテーマとして「自給を高め、環境を守り育てる日本農業の再構築をめざして」が設定された。

広がる交流と連携

「農を変えたい！全国運動」は、その後、「農を変えたい！全国集会」を各地の持ち回りで開催するなど、全国の草の根運動の交流連携に努めていく。そして、草の根の声を結集し、長い有機農業運動の蓄積もふまえつつ民間側からの政策提言を提起し、併せて有機農業推進議員連盟や農水省との前向きかつ冷静な意見交換を重ねてきた。また、「全国運動」の提案で、前述の「全国有機農業団体協議会」「有機農業技術会議」などの有機農業推進のための民間組織が結成された。

「第三回　農を変えたい！全国集会」は、二〇〇八年三月に北海道江別市の酪農学園大学で開催された。参加者は約八〇〇名で、各地の取り組みが持ち寄られ、これからの取り組み方針が協議された。そこでは、当面の重点的な活動領域と課題について次のような整理がされている。

①有機農業推進法制定一年を経過して――有機農業を地域に広げよう

②中国製農薬餃子事件の衝撃のなかで――日本の食を救おう

③世界の食料危機到来の報道のなかで――食料自給・食料自立と地産地消・身土不二の取り組みをつなげよう
④地球環境問題への世論の高まりのなかで――農と自然と食が連携し共生する道を拓こう

「第四回　農を変えたい！全国集会」は、二〇〇九年三月に愛媛県今治市で開催された。そこであげられた重点的取り組みは次の四点である。

①未曽有の経済・社会・政治の危機のなかで、時代を救う道を地域と農に広げよう
②食をめぐる情勢の激動のなかで、農とつながる食の再建を進めよう
③有機農業の推進で地域の危機を救いたい――「地域に広がる有機農業」の取り組みを全国各地で広げよう
④農と暮らしの現場から人と自然の共生の道を探り、広げよう

「第五回　農を変えたい！全国集会」は、二〇一〇年三月に愛知県名古屋市で開催された。大会スローガンは、「食と農と地域をつなげる人の輪をつくろう！――農が変われば、国が変わる」である。

また、「農を変えたい！全国運動」とともに歩む全国的有機農業団体である全国有機農業推進協議会は、二〇一〇年二月に政策提言を取りまとめた。その冒頭では次の四項目が提起されている（一八〇～一八二ページ参照）。

①「農」が変われば国が変わる――自給を高め、環境を守り育てる日本農業の再構築を

②「田舎」の活力が甦れば自然と文化は守られる――「田舎」の価値をみんなで評価しよう
③食の再建で健康を守り幸せな暮らしへ――食と農と地域をつなぐ人びとの輪を広げよう
④地元の資源を活かす産業を産み出し、地域に雇用と循環型経済を創っていこう

「農を変えたい！全国運動」が果たした役割

「農を変えたい！全国運動」のこのような展開の立脚点には、先に述べたように二〇〇五年三月の緊急全国集会に結集した有機農業者らの危機意識があった。それは、有機農業推進議員連盟の設立趣意書の課題認識とほぼ完全に重なっている。議員連盟と「全国運動」を軸とした民間の農業運動の間で、期せずして有機農業推進の時代的課題と有機農業をめぐる現状についての強い危機意識が共有され、そのことが有機農業第Ⅱ世紀としての歴史的現在が拓かれる原点であったと考えられる。

「農を変えたい！全国運動」の展開経緯とその特質について、運動自身は次のように中間的な整理をしている。長文になるが、運動論として重要な問題提起を含んでいると考えられるので、該当箇所を引用しておきたい（全国運動拡大世話人会「農を変えたい！全国運動の到達点とこれからの展開」二〇〇七年三月一八日、滋賀県彦根市）。

「私たちの運動は、組織的な準備も、政治政策的な準備も、人材的な、あるいは財政的な準備もまったくないままに、ただ思いがあり、それを繋いでいこうとする意志があるというだけ

の状況の中で、次々に急展開していく状況に対して前向きの対応を懸命に追求していく形で進められてきたものでした。当初は小さな泡にしかならないと思われた私たちの行動が、波紋となって次第に広がり、小さな波が、互いに共振しながら、実に大きなうねりが創り出され、政治が動き、そして最後に政策（政府）が動くに至ったのです。（中略）

私たちの運動が時代を拓いたとまでは言えませんが、私たちの運動は時代が拓かれるその時に小さくない役割を果たすことが出来たとは言えると思います。以下、なぜそのようなことができたのか。教訓として確認できる事柄をいくつか挙げてみたいと思います。

①六項目の基本方針の意義

一つ一つの項目は誰もが支持できる当たり前の項目であり、特に新規性はありませんが、六項目をまとめて基本方針としたことの意味は大きかったと思います。方針や政策の総合性がいま特に重要な意味を持っているということでしょう。このことは二〇〇五年三月の緊急全国集会における二本の政策テーマの並列というあり方とも共通していると思います。基本戦略においてこうした適切な総合性が設定されていたために、さまざまな個別課題の取り組みにおいても、あれかこれかという行き詰まりに陥ることなく、可能なところから、必要なところから取り組みを始め、課題の序列や取り組みの段取りを整理し、難しい課題も棚上げにせず、残された課題としてきちんと位置付けていくことができました。

②単なる反対運動としてではなく新しい時代を創る運動として取り組んだこと

一方でＷＴＯ＝グローバル化の政治経済体制の強まりという切迫した時代情勢をしっかりと見据えつつ、運動をそれへの反発による反対運動に止めるのではなく、そうした時代状況だからこそ、私たちの運動を新しい時代と社会を創っていく運動として展開するように努めてきました。こうした原則的な運動態度は、一見迂回的にも見えますが、実は一番深いところで国民の心を掴む道であったと痛感しています。こうした原則的対応にこそ現実的なリアリティがあったということです。

③運動（国民世論）、政治、政策（政府）、研究の適切な位置関係

この間の経過を振り返ると、まず自立した運動構築があり、それが時代の動向を捉えた政治の新しいイニシアティブ（有機農業推進議員連盟）と呼応し、その過程で日本有機農業学会が研究のサイドから適切にサポートし、その結果、最後にかたくなだった政策（政府）が態度を変えて動き出すという流れでした。こうした事柄展開のあり方は、今の時代における運動のプロセスとしてたいへん教訓的であると思われます。

④陳情、擦り寄りはせず、いたずらな攻撃をしない　理に則して適切に堂々と

政府の政策とかなり異なる総合的議員立法が成立し、しかし、そこに新しい利権的構造がほぼまったく作られずにきたことは希有なことと思われます。これはまず何よりも、谷津会長、ツルネン事務局長をはじめとする議員連盟の先生方の見識の高さによるものですが、併せて私たちの運動の質が、そうした事態を未然に防いできたことも重要な意味を持っていたと思いま

す。

⑤状況に追いつくために無理をしたが、成果を得ることをあせらない

取り組みはいずれも切羽詰まった状況のなかで可能な限り無理を押して進められました。しかし、結果としての成果を得ることをあせりはしませんでした。推進法成立を巡っては、有機農業はすでに三五年もの間、在野の取り組みとして生きてきたのだから、推進法の成立が多少遅れたとしても、そんなことは問題にならないという認識で一貫してきました。こうした態度が結果として望ましい成果をもたらしたように思われます」

第3章　第Ⅱ世紀の有機農業——有機農業推進法が切り開いた政策論

有機農業推進法にかかわる重要な政策論の領域としては、有機JAS制度との関連性（有機農業推進と有機農産物表示政策）と環境保全型農業との関連性（有機農業推進と環境農業政策）もあるが、それについては第4章と第6章で詳述する。ここでは、「地域に広がる有機農業」「有機農業の公共性・公益性」「有機農業技術論」「身土不二と食の自給」の四点を考えてみたい。

1　「地域に広がる有機農業」の大展開

第2章で述べたように国の施策にはゆらぎが察知されるが、地域における有機農業推進活動は、めざましく展開し始めている。中心テーマは「地域に広がる有機農業」である。

地域での取り組みの中心拠点は有機農業モデルタウン地区だ。そこでは、これまでやりたくてもできなかったさまざまな広報啓発活動や有機農業にかかわる地域での協同活動が芽生え出している。地域での有機農業推進の集会には、前述したように、主催者の予測を大きく上回る参加者がつめかける場合が多い。

有機農業への新規参入希望者も急増した。各地で開催される新規就農相談会には行列ができるほどの就農希望者が訪れ、熱心な相談活動がされている。もちろん、就農が簡単に実現しているわけではない。だが、状況は明らかに変わりつつある。有機農業への新規参入には大きな困難が伴っていたが、最近では、有機農業なら新規参入も成功できるという全般的状況も生まれている。

都道府県や市町村の行政機関とのコミュニケーションも、さまざまに広がりつつある。これまで有機農業者と行政との間には接点さえなかったが、行政側に一応の窓口がつくられるようになった。有機農業側の働きかけもあって、地域の有機農業の発展に尽力する行政担当者も少しずつだが増えてきているようである。

ここで、「地域に広がる有機農業」の政策論的特質について考えてみたい。

有機農業はこれまで、志ある農業者と、それを支援し、有機農産物を尊い食べものとして食べていこうとする消費者の連携によって維持され、発展してきた。別言すれば、主として強い二者的関係性によって支えられてきたとも言える。ここに、これまでの有機農業の強さと狭さがあった。

しかし、有機農業推進法が制定されて以降、有機農業は一部の有志だけではなく、すべての国民に利益をもたらす農業のあり方として位置づけられるようになる。こうした新しい時代的段階において提起されてきた象徴的な政策課題が、「地域に広がる有機農業」「有機の里づくり」である。

地域には、有機農業者もいれば多数の非有機農業者もいる。有機農産物を食べている消費者もいるが、有機農産物を食べていない消費者も多い。たくさんの農業以外の産業も展開している。そうした多様な住民、多様な産業が生きている地域において、有機農業の広がりが共通した便益を地域にもたらしていく。そんなあり方の探求が「地域に広がる有機農業」「有機の里づくり」という政策的提案には含まれている。

多様な価値観や農業観を認め合い、そのうえで、今後の地域と地域農業に有機農業を積極的に位置づけていく。そんなあり方が「地域に広がる有機農業」「有機の里づくり」の取り組みから生まれてきている。そこで模索されているのは、地域の自然や風土を未来に活かしていこうとする地域づくりの新しい方向である。

2　有機農業の公共性・公益性

鳩山由紀夫前首相は施政方針演説で「いのちを守る」「新しい公共」という問題提起をした。そうした政治姿勢から出てくる社会ビジョンは、自然共生の地域づくり、自然共生の暮らしづくり、自然共生の農業づくりという方向にほかならない。「地域に広がる有機農業」「有機の里つくり」の取り組みには、その具体像が多彩に示されている。

二〇〇九年三月に愛媛県今治市で開催された「第四回農を変えたい！全国集会」では、有機農業の公共性・公益性について以下の五項目の問題提起がなされた。これは、「地域に広がる有機農業」「有機の里つくり」の取り組みの政策論的基礎を示すものと言えるだろう。

①地域の自然との関係で――地域の自然とも結び合う自然共生型農業として

②地域の食のあり方との関係で――地産地消、身土不二の理念のもとで、望ましい食をつくるために

③自然共生型の地域づくりとの関連で――自然共生を志向する新しい地域づくりのために

④次の世代の子どもたちを育てるために――子どもたちに農といのちと地域を伝え、地球人として育つことを願って

⑤新しい時代の暮らし方として――自然とともにある自給的な暮らし方を広げるために

福島県北西部の雪深い山村である喜多方《きたかた》市山都《やまと》町に一九九六年に入植し、新規参入で有機農業に取り組む浅見彰宏さん（一九六八年生まれ）は、自らの有機農業実践の課題として、①消費者・生産者とも安心・安全であること、②地域内・圃場内での資源循環、③環境保全、生物多様性の重視、④有機農業発展のための活動の四点をあげている。さらに、自ら入植した地域を「飯豊《いいで》山麓の山間地に位置する限界集落。過疎化と高齢化が進み、農業生産基盤のみならず、

生活基盤の維持も困難になりつつある山村。一方で豊かな自然、厚い人情、生活の知恵が残る」と位置づけたうえで、家族とともに自分が取り組む有機農業の社会的役割として次の四点を提起する。

①土地と風土を活かした自給的暮らしの実践
②有畜複合経営、地域内の資源循環、消費者との提携を模索・実践
③地域農業、共同体の存続、地域活性化のお手伝い
④山間地有機農業振興のお手伝い

そして、自らがめざす農業は「未来を拓く農業でありたい。そのためには、合理的であり、科学的であり、永続的であり、社会的であり、そして排他的であってはならない」と述べる。

また、茨城県北部の山村・常陸《ひたち》太田市里美に一九九八年に入植した布施大樹さん（一九七〇年生まれ）は、自らの就農のテーマとして、「山間地の資源を活かした循環型農業の確立」を掲げる。そして、有機農業の基本的課題として、①地域資源の自給的活用、②地域の環境との共生、③世界人類との共生、④地域において本来あるべき農業、の四点をあげる。

布施さんは、地域や都市の消費者にも呼びかけてつくった「落ち葉ネットワーク里美」でも活動する。そこでは「地域の環境を守り育てる有機農業をめざして」がテーマとされ、具体的には①地域の資源を活かす農業、②地域の環境を育てる農業、③市民が参加できる農業、④みんなで楽しめる農業の実現が追求されている。さらに、地域の新規参入有機農業者のネットワ

ークとして「野良の会」を組織し、「新規就農者が少しでも早く農業で自立するために」をテーマに、①技術交流と情報交換、②結《ゆい》の作業、③地域活動への参加、④新規就農者への協力、⑤他地域との交流などの活動が続けられている。

浅見さんや布施さんの活動は、鳩山前首相が提起した「新しい公共」への貢献にほかならない。有機農業の現場で、有機農業の意味についてこうした認識が生まれてきていることに注目したい。

時代の危機が深まるとともに、人びとの意識は、経済成長・自然離脱型の社会から本物の豊かさと自然共生型の社会へと、大きく転換し始めている。農村でも都市でも、一般農家の間でも消費者の間でも、さまざまな新しい動きが生まれ、有機農業への関心や期待が高まってきた。これからの有機農業は、こうした時代状況の変化に積極的に対応し、期待される社会的役割を果たしていかなくてはならない。

都市化・グローバル化が進むなかで、農と地域は力を落とし、それが現代社会の深刻な行き詰まりと危機をつくり出している。とくに、農と隔絶した生活様式の一般化と、かつての社会を知る世代の人口減少に伴う農業の国民的基盤の崩壊は、深刻である。こうした現実を打開し、新しい時代を開くためには、改めて農と地域の価値を大きく位置づけ、農と地域が社会と国を変えていくという新しい農本主義的な展望の提起が重要ではないだろうか。

だからこそ、地域農業の再建、自然や農業とつながった地域社会の再建、そして農業の国民的基盤の再建、地域と暮らしのあり方についての世代間コミュニケーションの促進などの諸課題に関して、有機農業陣営が地域の幅広い人びとと協働しながら積極的な役割を担っていくことが、まさにいま求められていると思われる。これからの有機農業推進は、単に有機農業を強め、広げるだけでなく、地域に人びとの連携をつくり出し、より良い地域を築くためにも、おおいに力を発揮していくべきである。

3　自然共生をめざす技術論——有機農業は特殊農法ではない

第1章でも紹介したように、有機農業推進法の第四条には次のように記されている。

「国及び地方公共団体は、前条に定める基本理念にのっとり、有機農業の推進に関する施策を総合的に策定し、及び実施する責務を有する。

二　国及び地方公共団体は、農業者その他の関係者及び消費者の協力を得つつ有機農業を推進するものとする」

有機農業推進法は、有機農業推進を国と地方自治体の責務であると定めた。有機農業推進が単に当事者の私益の充足だけに終わるとすれば、この法律の永続はむずかしいだろう。推進法では、有機農業推進の公共性や公益性に直接には言及していない。それは、この法律の不十分性というよりも、その制定が有機農業推進の公共性や公益性という大きな論点を引き出したと考えるべきだろう。

この視点から見れば、有機JAS制度は、有機農業者と有機農産物消費者の双方の私益を公正な表示によって確保する制度であり、その立脚点はそれぞれの私益である。したがって、有機JAS制度には有機農業推進という社会的価値視点はまったく入っていない。

それに対して有機農業推進法は、いうまでもなく推進法であり、有機農業が社会的に大きな価値を有しているという判断が前提となっている。この法律は、超党派の有機農業推進議員連盟の提案による議員立法であった。すでに序章でも紹介したが、議員連盟の設立趣意書には、次のように記されている（一〇ページ参照）。

「我々は、人類の生命維持に不可欠な食料は、本来、自然の摂理に根ざし、健全な土と水、大気のもとで生産された安全なものでなければならないという認識に立ち、自然の物質循環を基本とする生産活動、特に有機農業を積極的に推進することが喫緊の課題と考える」

また、国の「基本方針」は、冒頭で次のように述べている（一八八ページ参照）。

「有機農業は、農業の自然循環機能を増進し、農業生産活動に由来する環境への負荷を大幅に低減するものであり、生物多様性の保全に資するものである。また、消費者の食料に対する需要が高度化し、かつ、多様化する中で、安全かつ良質な農産物に対する消費者の需要に対応した農産物の供給に資するものである」

これらの考え方を、有機農業の定義論や技術論の視点から言い直すと、有機農業は特定の規格基準に基づく特殊農法ではなく、農業の本来のあり方を取り戻そうとする総合的な取り組みだということになる。規格基準論から始まる有機ＪＡＳ制度と、きわめて対照的である。有機農業推進法においては、有機農業は単なる個別農法ではなく、これから日本農業がめざすべき望ましい一般的方向と位置づけられている。それゆえに、国会で全会一致の賛成で制定されたのである。

有機農業が自らの独自性を主張し、他の近代農業との区別を求めるのは、規格基準など個々の点についてではない。農業のあり方を自然との共生の線上に追究し、その線上で農を基盤として食と自然の良い関係をつくっていこうとする方向性に関してである。有機農業が、自然と人間が共生し、持続的な豊かさを実現する展望を掲げ、その道を拓きつつあるという点こそが、公的支援論との関連で求められる有機農業の内容になる。こうした視点からすれば、農業は基本的には民間の営みであるということをふまえつつ、そうした方向への転換の積極的支持と転換にかかわる困難を和らげるための公的支援が重要になる。

農業はもともと自然に依拠し、その恩恵を安定して得ていく、すなわち自然共生の人類史的営みとしてあった。ところが、近代農業がめざしたのは、科学技術の名による自然から離脱した人工世界への移行と、工業的技術とその製品の導入による生産力の向上である。こうした近代農業は、地域の環境を壊し、食べものの安全性を損ね、農業の持続性を危うくした。有機農業は、近代農業のそうしたあり方を強く批判し、農業と自然との関係を修復し、自然の条件と力を農業に活かし、自然との共生関係回復の線上に生産力を展開しようとする営みである。

こうした視点から有機農業技術の展開方向を考えた場合、その基本は自然共生の追求にほかならない。具体的には、低投入、内部循環の高度化・活性化という技術のあり方が追求され、それをふまえて農業と農村地域社会の持続性の確保がめざされることになる。

このような考え方から出てくる有機農業像は、「だんだん良くなる有機農業」であり、それを「有機農業技術の展開方向」として整理すれば、たとえば次のように言える。

①有機農業は、慣行農業からの体質改善的な転換期を経て、圃場内外の生態系形成に支えられて自然共生的な成熟期へと進んでいく。

②有機農業への転換は、圃場段階、農家の経営段階、地域農業段階の諸段階で、関連しつつ重層的に進められていく。

③その過程で、地域の歴史風土を尊重し、自然を大切にするさまざまな活動と結び合い、また、生産と消費、農村と都市の交流と連携が追求されるなかで、新しい地域農業づくりと自然共生型の新しい地域づくりが進められていく。

こうした有機農業の技術論についての新しい捉え方は、筆者も編者となった『有機農業の技術と考え方』(コモンズ、二〇一〇年)に詳述されている。端的なキーワードは「低投入、内部循環、自然共生」であり、その理論的根拠は図3、図4のように整理できる。

図3に示したように、外部資材を多投入するB地点ではなく、低投入のA地点を原則として

生産力の産出拡大を図ることに有機農業の基本路線がある。また、図4には、有機農業の生産力は圃場内外の生態系形成に支えられて実現するというあり方が示されている。低投入と豊かな生態的環境のもとで作物や家畜の生命力が向上していくのである。

こうした理解に則して有機農業の展開ステージを考えると、「体質改善的な転換期有機農業」

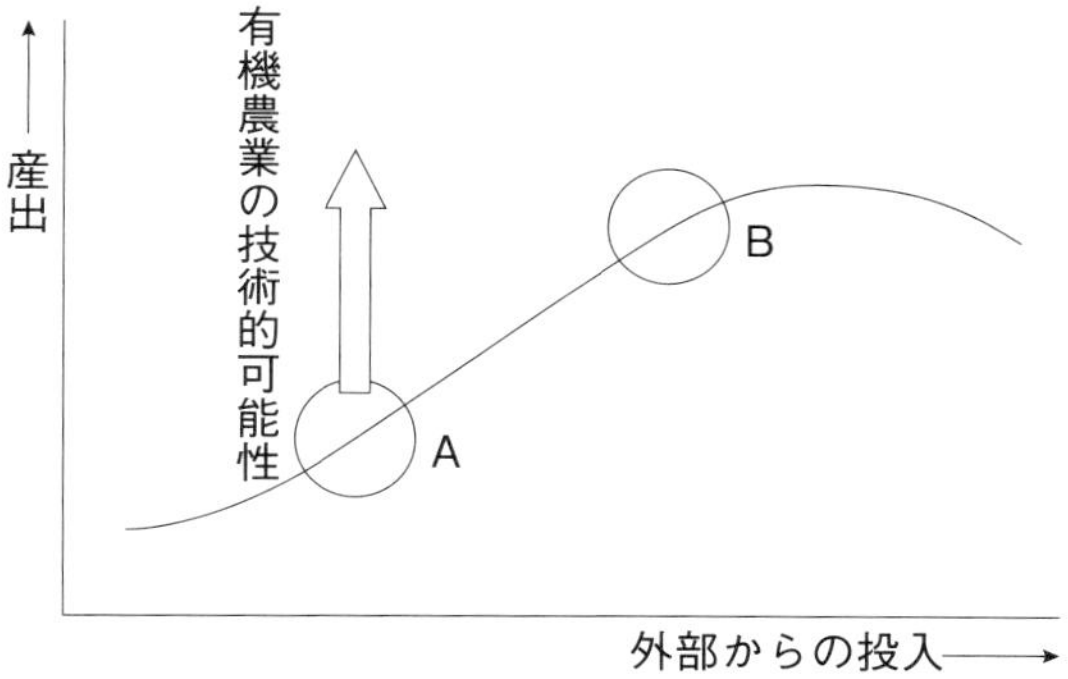

図3　低投入によって産出拡大を図る有機農業

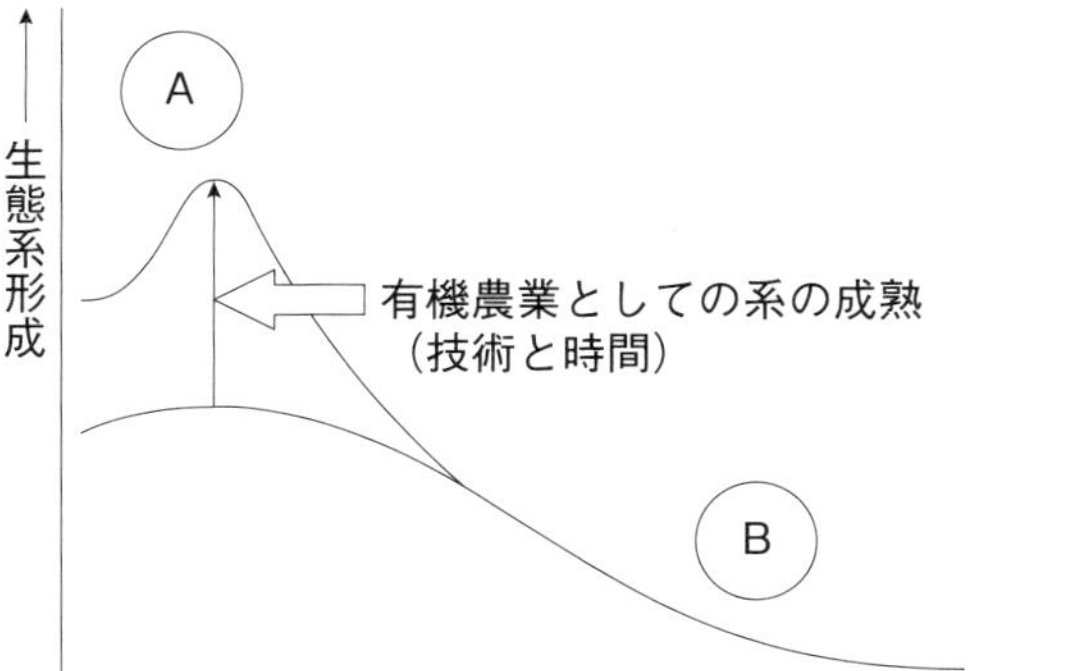

図4　生態系形成に支えられる有機農業の生産力

「発展期有機農業」「成熟期有機農業」の三段階をたどるであろう（図５）。

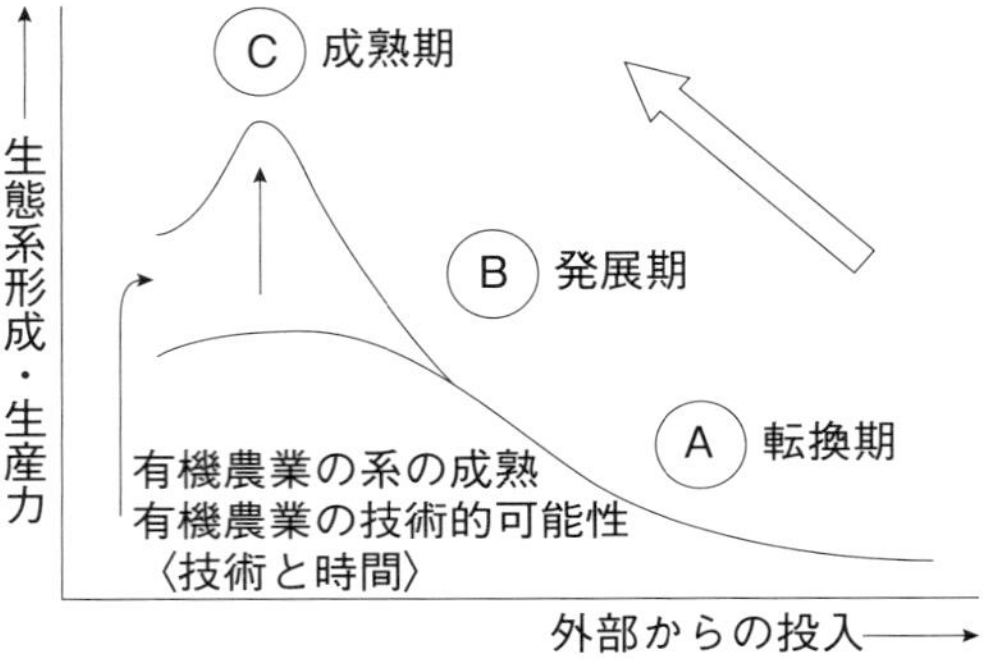

図５　有機農業展開の３段階

4　「身土不二」と食の自給

有機農業推進法においては、有機農業はまずは環境保全、自然共生に効果のある農業と位置づけられている。ただし、有機農業の長い歴史を振り返れば、環境の視点からよりも、食べものや健康の視点からのアプローチがメインであった。たとえば日本有機農業研究会の機関誌の題名は、現在は『土と健康』であるが、以前は『たべものと健康』である。

有機農業は一貫して、「身土不二」「食農同源」を基本理念として掲げてきた。人の身体、すなわちいのちと土、地域の風土は分かちがたくつながり、食と農は常に一体であるべきだという考え方である。そして、賛同する生産者と消費者が協力し合い、自らの暮らしの場で自給を進めてきた。有機農業において重視されてきた生産者と消費者の提携は、食料と生活の自給を基本理念においた取り組みである。有機農業は、地産地消と地域自給、ひいては日本全体での自給率向上への国民運動のパイオニアなのである。

有機農業モデルタウン事業など「地域に広がる有機農業」の取り組みで共通して取り上げられているのは、「食育や学校給食への地場農産物の供給」である。この課題にも有機農業は早くから取り組み、福島県熱塩《あつしお》加納《かのう》村（現在は喜多方市）や愛媛県今治市などの先進事例もつくられてきた。今治市では有機農業と地産地消、食育の推進を結びつけた独自の条例が制定され、自給率向上に関するさまざまなノウハウもすでに豊富に蓄積されている。

新農業基本法（食料・農業・農村基本法）で食料自給率の向上が国家目標として定められたにもかかわらず、いっこうに実現していない。自給率向上の政策方向としては、二〇〇〇年策定の「食料・農業・農村基本計画」において、国内農業の生産性向上と、国産農産物の価格競争力強化が基本とされていた。さらに、〇五年策定の第二期基本計画では地産地消や食育の推進が加えられ、一〇年策定の第三期基本計画では二〇年目標で自給率五〇%が明記された。自給率向上施策に有機農業の推進を積極的に位置づけ、有機農業の経験が活かされていくことも、重要な政策課題である。

自給率向上に関しては、畜産飼料の国産化がとりわけ重要となる。

有機農業は、有畜複合経営をあるべき経営像として掲げてきた。農業経営に畜産が位置づくことによって、経営内循環が円滑に進み、持続性と活力のある有機農業が実現するという考え方である。そこでは、畜産飼料を基本的には経営内で自給する方向が追求されてきた。とくに近年、輸入穀物飼料(トウモロコシ)が遺伝子組み換え作物で占められてしまう状況になってからは、穀物飼料についても国産化の方向が強く志向されるようになっている。

林野の草資源を活用する放牧畜産も、有機農業が支持する日本畜産の基本的あり方である。また、さまざまな農業残滓物や食品産業残滓物の飼料活用も、有機農業の現場では進んでいる。資源の循環的利用の視点に立てば、国内には未利用飼料基盤が多い。民間におけるこうした取り組みを支援し、食料自給率向上に新たな展望を切り開くべきだろう(ところが、東京電力福島第一原子力発電所の大事故は、広大な農地、林地、草地を放射能で汚染しつつある。これによって、汚染地域における草地や林地の畜産利用に制約がつくられてしまった。強い憤りを感じる)。

すでに述べたように、新規参入希望者は有機農業に集中し、困難を乗り越えた新規参入の成功事例も有機農業では珍しいことではなくなりつつある。それを支えるのは、有機農業の先輩たちのボランティア支援だ。政財界やマスコミの一部は、新規参入の動きにビジネスの論理を注入しようと躍起になっている。だが、人びとの心はそれとは違って、自給志向、自然共生志向に向きつつある。そこでは、身土不二と風土的な暮らし方の探求が共通の思いとなっている。これらも、有機農業推進法制定以降の社会状況の大きな変化と認識すべきだろう。

第4章　国家管理の有機ＪＡＳ制度の問題点

1　有機ＪＡＳ制度と有機農業推進法のズレ

日本における有機農業についての現時点の法制度としては、ＪＡＳ法（農林物資の規格化及び品質表示の適正化に関する法律）に基づく有機ＪＡＳ制度と有機農業推進法の二つがある。有機ＪＡＳ制度のスタートは二〇〇一年で、有機農業推進法は二〇〇六年に制定された。後発の推進法は議員立法であり、有機ＪＡＳ制度と補完しあって有機農業推進を図るという意図で制定されたのではない。推進法制定の前提には、有機ＪＡＳ制度だけでは有機農業の推進は図れないという有機農業推進議員連盟の危機的認識があった。

この二つの法制度は、実は「有機農業とは何か」についてかなり異なった認識のうえに成り立っている。

有機ＪＡＳ制度は、商品として流通する有機農産物等の品質保証のための表示制度であり、その基礎にはＪＡＳ規格（有機農産物の日本農林規格など）が置かれている。そのおもな内容は栽培管理の規格基準である。規格基準に基づいて、有機農産物とそれ以外の農産物との明確な差異を認証し、国家認証シール（有機ＪＡＳシール）を商品に貼付することで明示する仕組みとなっている。有機ＪＡＳ制度では、有機農業はそれ以外の農業と明確に区別される完結した特殊農法として位置づけられており、価値判断としては、国は推進でも抑制でもなく、中立の立場に立つ。

それに対して有機農業推進法では、有機農業を特殊農法ではなく農業の望ましい方向性として位置づけ、国や自治体はそれを推進する責務を有すると規定している。有機ＪＡＳ制度の認証を受けているかどうかは、法的区別の問題とされていない。認証を受けていない生産物も含めて、「有機農業によって生産される農産物」という法文上の規定が与えられている。

両者の認識の違いのポイントは二つある。一つは、有機農業を完結した特殊農法として捉えるか、農業の一般的あり方論として捉えるか。もう一つは、有機農業を普及推進すべき事柄と捉えるか、国は普及推進にはかかわらないと考えるか。この違いは、たとえば有機農業への転換のプロセスの政策論的理解に関しても大きな相違として現れてくる。有機ＪＡＳ制度では、有機農業の不十分な段階と消極的に捉えるのに対して、有機農業推進法においては、有機農業の普及推進における重要なプロセスとして認識し、そこからの転換のあり方の多様性・多元性にも前向きな関心を寄せていくのである。

2　有機ＪＡＳ制度の概要

有機ＪＡＳ制度は、一九九九年七月のＪＡＳ法大改正をふまえて、二〇〇〇年に「有機農産物の日本農林規格」（有機農産物ＪＡＳ規格）が制定され、〇一年から運用がスタートした有機農産物等の特別表示に関する国家認証制度である。現在のところ、「有機農産物」「有機加工食品」「有機畜産物」（「有機飼料」を含む）について適用されている。このうち「有機農産物」と「有機加工食品」については、ＪＡＳ法に基づく「指定農林物資」に指定され、認証表示を必須とする、例外のない強制制度である。「有機畜産物」については、「指定農林物資」の指定はなく、任意の制度となっている。

有機認定事業者数は、国内事業者数四一〇六業者（農家数三八一五戸）、外国事業者数一七三六業者である（二〇一〇年三月）。認定事業者による格付け実績（二〇〇九年度）は、有機農産物の国内格付け五万七三四二トン、海外格付け七〇万四二〇四トン、有機加工食品の国内格付け九万八一四二トン、海外格付け一三万二五〇六トン。格付け動向は横ばいで、部分的に漸増の状況である。農地面積では、国内が八八一七ha、海外が二四〇万二三八〇haだ。登録認定機関数は、国内が六一、海外のみを対象とするものが一八ある（二〇一一年一月）。

枠組みは主として国内法となっているが、これらの格付け実績や認定農地面積の数値からすれば、実質的には輸入品主体の制度として機能してしまっている。

有機JAS制度の仕組みは次のとおりである。

①国による制度の制定、国に登録認可された民間の登録認定機関による認証業務の実施と国（農林水産消費安全技術センター（FAMIC））による監査監督。

②認定希望事業者（有機農業農家や有機食品事業者）による認定申請と、登録認定機関による書類審査と現地検査に基づく「生産行程管理者」等の事業者認定。

③認定された「生産行程管理者」等による有機農産物等の格付けと有機JAS認証ラベルの貼付。

④登録認定機関による認定事業者への定期検査。

国が定めたおもな制度としては、有機JAS規格、認定の技術的基準があり、登録認定機関の組織構成と認証業務の運営のあり方については、ISOガイド六五が適用されている。有機JAS規格については、コーデックス委員会の「オーガニックガイドライン」（有機的に生産される食品の生産、加工、表示及び販売に係るガイドライン）への準拠を原則とする。有機認証をJAS法の中に組み込んだ日本の有機JAS制度は国際的に見てもかなり特異であり、そこには日本的特殊性が刻印されている。その特質を整理すれば、次のようになる。

①最終的には、販売される農産物等についての認証表示（有機JASラベルの貼付）が目的と

されている。

②製品、圃場や工場、生産などのシステム、事業者などが認証の対象となる。

③しかし、登録認定機関の直接的認証対象となるのは事業者（生産行程管理者等）であり、またその背景にある事業システムである。

④したがって、製品認証や圃場認証がメインなのではなく、認証の中心課題は生産行程等のシステム認証である。より突き詰めて言えば、直接の認証対象はシステムそれ自体でもなく、基準に合致したシステムの存在とその運営に責任をもつ人に対する認証となっている。

第2章でも少しふれたが、有機農産物等の表示のあり方については、一九九〇年代の長い論議の経過がある。

まず、状況としては、一九八〇年代後半から、市場流通する農産物に「有機」「無農薬」の表示が氾濫するようになったが、そのかなりの部分には根拠がなかった。こうしたなかで、農水省主導で特別表示のあり方が検討され、一九九二年に「有機農産物及び特別栽培農産物に係る表示ガイドライン」が任意指標として制定される。

このガイドライン制定に対しては、有機農業推進陣営からの批判が強かった。それは、国はあいまいなガイドラインを制定するのではなく、まず有機農業の意義を認識し、それを推進する姿勢を確立し、総合的な有機農業推進施策の一環として有機農産物の表示システムを構築すべきであるというものであった。また、有機農業の基準については、有機と非有機を区別するだけではなく、深化していく有機農業の指標となるような基準、日本やアジアの風土に適合した基準の制定を求める意見も、有機農業推進陣営から提起された。

一方、国際的には、カナダの提唱で一九九一年にコーデックス委員会でオーガニックガイドライン制定への検討が開始され、九九年七月に有機農産物についての国際合意が成立した。日本の有機ＪＡＳ制度はコーデックス委員会での国際合意に合わせて制定され、内容的にもそれに準拠するものとなっていた。

コーデックスのガイドラインは国際有機農業運動連盟（ＩＦＯＡＭ）の基礎基準をベースに組み立てられており、国際的な有機農業運動の合意をふまえた形で、日本の有機ＪＡＳ規格より優れた内容も多く含んでいた。だが、そこには大きな問題点もあった。

まず、この基準や認証システムの考え方自体が欧米主導でかなり一方的に形成・確立されてきたという経緯がある。アジア地域の有機農業運動からは、欧米的基準や第三者認証だけを重視するあり方に強い批判があり、地域別基準、各国の取り組みの特質をふまえた基準の設定や、第一者認証、第二者認証、グループ認証などの社会的信用を形成していく多様なあり方（八九ページ参照）も検討すべきだという提案がたびたびなされてきた。

しかし、国際統一基準の制定と画一的システム認証の導入を主張する欧米グループはこうした意見を退け、ＩＦＯＡＭは統一基準の制定と第三者認証制度というあり方は是正しなかった。その背景には、この時期のＩＦＯＡＭの指導部の構成が国際的商品流通にかなりシフトしていたという事情もある。実際、運営においても国際貿易事業者の影響力がかなり強まっていた（ただし、ここでは詳述できないが、二〇〇〇年代に入ってIFOAMではこうしたあり方への批判が強まり、国際統一基準に基づく認証システム唯一主義への見直し協議も進み始めている）。

こうした経過のなかで有機JAS制度は一九九九年の法改正をふまえて、二〇〇一年に運用がスタートした。とはいえ、当時の国に有機農産物の表示管理の実績はまったくなく、厳格な国家管理といってもその体制は整っていない。そうした事情もあって、制度の発足当初は、有機農業者の実情に詳しい登録認定機関と国の協働運営的な様相もみられた。しかし、二〇〇五年の法改正では、登録認定機関にISOガイド六五の適用が定められ、これを機に、国家管理の認証制度という様相が著しく強まり、現在に至っている。

3　有機JAS制度の運用上の問題点

有機農業において基準認証論は一つの重要な領域ではあるが、基準認証論から有機農業の全体を論議していくというあり方は適切ではないという認識は、今日ではごく常識的となっている。だが、有機農業推進法制定までは、こうした社会常識は、有機農業に関する国の政策認識にきちんと入り込めていなかった。有機農業が主として規格基準論からだけ論じられることが多かった一九九〇年代と比べて、推進法制定以降のこうした変化は、有機農業に関する社会的認識の大きな進展として評価できる。

すでに述べたことの繰り返しになるが、農業はもともと自然に依拠して、その恩恵を安定して得ていく、すなわち自然共生の人類史的営みとしてあった。ところが、近代農業では、科学技術の名のもとに、農業を自然との共生から自然離脱の人工の世界に移行させ、工業的技術とその製品の導入による生産力の向上がめざされてきた。こうした近代農業は、地域の環境を壊し、食べものの安全性を損ね、農業の持続性を危うくする。それに対して、近代農業のそうしたあり方を強く批判する有機農業は、農業と自然との関係を修復し、自然の条件と力を農業に活かし、自然との共生関係回復の線上に生産力展開をめざそうとする営みである。

有機ＪＡＳ制度には、こうした有機農業に関する基礎的な認識が欠如している。にもかかわらず、有機農産物の商品表示という点では厳しい罰則も付いた包括的な強制制度となっており、その一方的な強制力が有機農業の発展に制約となる場合も少なくない。有機ＪＡＳ制度のスタート以来、有機農業推進法が制定されるまでは、国に有機農業推進の姿勢がないままに厳格な規格基準のしばりだけが強調され、有機農業は身動きがとれない状態に陥っていた。

たとえば、こんなこともあった。大雨で隣の非有機の田んぼから有機の田んぼに水が越流すると、それだけで有機認定からはずされてしまう。水害で洪水になった場合も同じである。しかし、農家からすれば、そうしたアクシデントによって有機農業の取り組みが中断するわけではない。おそらく、その年も次の年も有機農業は続けられ、その結果、まわりの環境はしだいに良くなっていく。にもかかわらず、有機ＪＡＳ制度では、その田んぼは有機認定からはずされてしまうのである。この制度は強制制度だから、認証機関から認証取り消しの措置をされると、農家は有機農業を名乗って農産物の販売ができなくなってしまう。準備していた表示のある包材も使えなくなり、取引先との関係が断たれてしまうことも少なくない。

　こうしたなかで、一度は有機ＪＡＳ制度に参加した有機農業農家も、やむなく有機ＪＡＳ制度からの離脱を考えざるを得なくなる。しかし、認証から離脱すれば、生産物を有機農産物と表示して販売できない。そうなれば、認証に参加しない有機農業者は「日陰者」のような存在と見られかねない。それでもなお、現実には、有機農業者が有機ＪＡＳ制度を嫌い、そこから離脱していく傾向も強まっている。有機ＪＡＳ制度に参加している有機農業者に対するアンケート結果は、**表1**のとおりである（二〇〇五年二月に登録認定機関経由で実施）。

　有機農業は、政策支援を受けて成長してきた営みではない。農家の自前の努力と、その努力を支持する消費者によって、前進が支えられて

表1　有機JAS制度の評価

認証の取得	
良かった	38.9%
やや良かった	25.2%
どちらとも言えない	30.7%
やや悪かった	2.7%
悪かった	1.8%
制度の今後のあり方	
概ね現状のままで良い	32.1%
大幅な改善が必要	62.3%
改善すべき事項	
書類作成の負担が大きい	38.0%
認定料などコスト負担が大きい	24.8%
輸入有機への規制を強化すべき	17.6%

きた。有機農産物がそれとして評価され、販売され、消費されることによって、有機農業の自主的歩みは支えられてきたのである。

有機ＪＡＳ制度は、この販売の場面に、有機農業には馴染みにくいシステム認証論の枠組みで強制的に介入してきている。それはときとして、有機農業における生産と消費の連携を阻害する。前述したように大雨で隣の田んぼから水が越流しても、水害で洪水に見舞われても、農家の立場からすれば有機農業はやはり有機農業であり、取り組みが断絶するわけではない。そのことは、きちんと説明すれば消費者も理解できるだろう。しかし、有機ＪＡＳ制度の現実としては、そうした田んぼの有機認定は取り消され、そこへの消費者のアプローチを積極的に阻害してしまう。

有機ＪＡＳ制度には「緩衝地帯の設定」という基準がある。周辺の農地からの化学肥料や農薬の飛散汚染を防止するための「緩衝地帯」の設定を、有機農業者側に義務付けているのだ。この「緩衝地帯」は当然のように、有機農業圃場の内側に設定されることになっている。これは有機農業者にとってかなりの負担である。

現在の環境保全重視の農政論の見地からすれば、化学肥料や農薬の飛散汚染は、むしろ原因者に是正を求めていくのが筋であろう。環境保全型農業の推進政策としては、地域全体の投入削減を大幅に進め、周辺への飛散汚染も併せて防止する措置の徹底が当然であり、こうした点にこそ環境保全型農業推進政策と有機農業推進政策の連携が追求されるべきではないだろうか。とすれば、「緩衝地帯」確保を有機農業者だけの責任とする現行制度は是正されるべきではないか。

有機ＪＡＳ制度は消費者保護の制度であり、その視点から有機農業への規制は当然だという意見もある。だが、有機農業は有機農業者の自主的取り組みであり、そうした有機農業の主体である有機農業者自身が支持しない制度を介入させて消費者を保護するというあり方は、どこかおかしいのではないか。消費者保護のためには、消費者自身の有機農業理解の促進が大前提としてあるべきだ。そこで消費者に理解してほしい有機農業像のポイントは、人が定めた規格基準ではなく、自然の摂理に寄り添いながら発展していこうとする農業という点であり、それは規格基準からスタートする営みではないという点である。

ところが、有機ＪＡＳ制度の規格基準論の主眼は、有機と非有機の線引きにあり、有機農業と環境保全型農業の連携は視野に入れられていない。有機農業推進法制定後の「有機農業総合支援対策」の一環として開始され、事業仕分けであえなく廃止された「有機農業モデルタウン事業」では、有機農業と環境保全型農業の連携による有機の里づくりが各地で開始された。有機ＪＡＳ制度の規格基準論の機械的運用は、こうした新しい取り組みを阻害しかねないという問題点も有している。

有機ＪＡＳ制度は有機農産物と非有機農産物の差異の明確化に主眼があるので、その線引き基準は詳細化・厳密化の方向で進み、行きつ戻りつの段階的移行は想定されていない。有機Ｊ

ＡＳ制度では「転換期間中」という規定があるが、この場合も適用される規格基準はまったく同じであって、基準に基づく栽培管理の経過期間が短いことを示す規定となっている。このため、有機ＪＡＳ表示ができる農産物はかなりしぼりこまれることになる。

これに対して、有機農業推進法においては、有機農業を行いたいと考える農業者が無理なく取り組めるようにすることが目標とされており、基準の厳密化や差別化はめざされていない。容易に開始でき、しだいに深まり、広がっていくというあり方が重視されている。

有機農業推進のためには、こうした有機ＪＡＳ制度の問題点や有機農業推進法と有機ＪＡＳ制度の相違についてもきちんと認識し、改善策を早急に検討すべきだろう。

４　有機ＪＡＳ制度の改善をめざして

以上のように現状の有機ＪＡＳ制度は、有機農業者からの支持があまりなく、国内の有機農業の推進普及にはあまり役立っていない。抜本的な改善が図られなければならないことは明らかだろう。改善の方向性としては次の四点があげられる。

①有機農業推進という政策的大目標を制度に組み込んでいく。
②「指定農林物資」のあり方を見直す。
③画一的な第三者認証という固く狭い制度のあり方に柔軟性と多様性をもたせる。

④完結した特殊農法ではなく、多様な展開性と自然的風土性のあるものに、有機農業の定義を改める。

JAS法に新たな規定を加える

政策目標に関しては、基本的には、有機認証制度をJAS法の枠から有機農業推進法の枠へ移行させることが望まれる。ただし、現実的にはなかなかむずかしいだろう。次善の策として、JAS法の特定JAS規格(特色ある生産方法や原材料に着目した認証制度)制定の意義について、「その規格の普及が社会に役立つものである」といった規定を付け加え、有機JAS規格自体にも、前文などにそうした主旨を書き込むことが考えられる。

有機農産物等を「指定農林物資」の指定からはずす

JAS法第一九条の一五は、「指定農林物資」に関して次のように規定している。

「何人も、第二条第三項第二号に掲げる基準に係る日本農林規格が定められている農林物資であって、当該日本農林規格において定める名称が当該日本農林規格において定める生産の方法とは異なる方法により生産された他の農林物資についても用いられており、これを放置しては一般消費者の選択に著しい支障を生ずるおそれがあるため、名称の表示の適正化を図ることが特に必要であると認められるものとして政令で指定するもの(以下「指定農林物資」という。)

については、当該指定農林物資又はその包装、容器若しくは送り状に当該日本農林規格による格付の表示が付されていない場合には、当該日本農林規格において定める名称の表示又はこれと紛らわしい表示を付してはならない」(傍点は筆者)

ここでは、「指定農林物資」の指定根拠として、傍点に記した二つが規定されている。これについて、有機JAS制度に則して考えてみよう。

まず、前段では、有機JAS規格以外の生産方法で生産された農産物が「有機農産物」と表示されている、という状況認識が示されている。この状況認識は、一般的には、いわゆるまがい物の存在を指すと考えられてきた。

しかし、それだけでなく、有機JAS規格をはるかに超えて、生産自体が規格基準的あり方を超えているようなケースも「成熟期有機農業」には幅広く認められる。それらが「有機農産物」と表示され、あるいは「天然農産物」「自然農産物」などの「有機農業」に類似した表示がされるという場面は、あまり意識されていない。だが、こうしたケースは決して特別ではない。有機JAS規格は有機農業を完結した特殊農法と位置づけているが、この認識自体が事実を直視しない歪みがあることは、本章で繰り返し述べてきたとおりである。

たとえば、前節で例示した大雨時の越流や洪水の襲来などによる有機JAS認定の取り消しの問題について、立ち入って考えてみよう。上から下に流れる水には上流からの土や有機物や栄養物などが含まれており、それらの堆積が長い時間のなかで農地をつくってきた、というのが農学の基本的認識である。有機ＪＡＳ規格の考え方には、農業は環境のなかで育まれるというこうした認識が欠落している。そこにある視点は、線引き、区分でしかない。

大雨時の棚田で、上流の慣行栽培の田んぼからの越流があったとして、それがなぜ認定取り消しとなるのだろうか。その雨水に汚染物質が基準以上に含まれているのだろうか。それが泥水だったとして、上流の田んぼの泥である場合もあれば、上流の山地の泥である場合もあるだろう。用水に用いられる河川水も、おそらく状況に変わりはないだろう。

にもかかわらず、なぜ、この有機の棚田は認定が取り消されるのか。それは認定基準のつじつま合わせからでしかないことは明らかだろう。大雨時の田ごし越流は、大きくみれば国土保全の一環でもあり、棚田保全の一環としても位置づけられる現象である。その棚田の有機米が通常時に特上米であったとすれば、大雨があり、上の田んぼからの越流があった年にも、有機農業による特上米であることには変わりがない。こういう言い方をされて困るのは、有機ＪＡＳ制度維持の側だけだろう。

有機ＪＡＳ制度が想定している以上に、有機農業の世界は広く大きい。まがい物排除のために、線引き区分だけに終始する有機ＪＡＳ制度のために、有機農業のこうした多様な展開性が歪められ、阻害されるとすれば、まったくおかしなことだろう。「指定農林物資」指定に関する認識にはこうした大きな欠陥があるのだ。

次に後段の傍点部分、すなわち「消費者の選択の混乱」について考えてみよう。言うまでもなく、消費者の選択とは自由な選択であり、その前提は自己責任であろう。しかし、農産物については、生産情報は消費者に十分には伝わりにくく、そこには情報の非対称性があると考えられている。そのために行政や業界が公正でわかりやすい表示についてガイドラインや誘導策を講じることは、必要と言えよう。

だが、だからといって消費者の適正な選択を、いつでも法制度ですべて保証していくというあり方は、今日の自由経済社会には馴染まない。したがって、「指定農林物資」の指定の妥当性は、時限的な特別な場合ということになる。有機ＪＡＳ制度における「指定農林物資」指定には、この点についての配慮がない。

また、たとえば有機農業が面的に大きく広がり、大量の有機農産物が流通するようになったときには、現在の有機ＪＡＳ制度で対応できないことは明らかだ。そういう状況下で、現行制度をそのまま維持することには合理性がないだろう。その場合の有機表示は、特別表示ではなく、一般表示のなかに組み込んだほうが良くなるとも考えられる。

だから、国には「一般消費者の選択に著しい支障」が生じるかどうかを常に検証していく責任があるとすべきだろう。有機農産物等が「指定農林物資」に指定され、有機ＪＡＳ制度が施行されて、すでに一〇年が経過している。特別な状況下での時限的指定としては、すでに十分な時間が過ぎていると思われる。

多様な認証への道を開く

一般消費者の選択の力は、表示規制だけで向上するのではない。消費者が有機農業と有機農産物について適切な認識を得ていくためのさまざまな取り組みも、ぜひ必要である。それはむしろ、有機農業推進法にかかわる政策課題になる。そして、推進法には、有機農業とは何かについて、有機ＪＡＳ制度とは異なった幅広い、開かれた認識が含まれている。

有機農業についての理解と信頼を確保していく道は、有機ＪＡＳ制度のような第三者認証制度だけではない。生産者と消費者が生産現場で生産実態を検証しあう「公開確認」（パルシステム）、「公開監査」（グリーンネットワークジャパン、東都生協）、「おおぜいの自主監査」（生活クラブ生協）などの二者認証的取り組みも成功裏に展開されている。

また、有機農業生産者がしっかりとしたグループをつくり、トレーサビリティなどの内部体制を整備したうえで、個々の生産者ではなく、グループとして認定を受ける、グループ認証制度というあり方もある。さらに、生産者が自らの責任で生産基準などを策定・公表し、栽培履歴なども示して品質について自己宣言していく第一者認証制度もある。有機ＪＡＳ制度を改善するためには、こうした認証の多様なあり方も視野に入れて「指定農林物資」の指定をはずす検討を進めるのも有意義だと考えられる。

有機農業の認識を変える

規格・基準論に関しては、すでに述べたように有機ＪＡＳ規格がコーデックス委員会のオーガニックガイドラインに準拠しており、コーデックスのガイドラインはＩＦＯＡＭ（国際有機農業運動連盟）の基礎基準をふまえている。この時点で、改めてこれらのことを相対化してみるのも有益ではないかと思われる。

相対化の基本的視点は、有機農業は完結した特殊農法ではなく、自然共生の方向で多様に展開していく動的な取り組みであり、それは二〇世紀の近代化、工業化、都市化によってつくられた農業と社会の歪みを正し、農業本来のあり方を取り戻していく取り組みだという認識の明確化であろう。もちろん、有機農業と非有機農業との線引きや区分もある程度考慮されるべきだろうが、それが前面に出ることだけが良いことだとはいえない。こうした視点は農業それ自体の特質にかかわる視点であり、それを農産物の定義や規格という領域に入れ込むことはそもそも困難が多い。社会が求めているのは農業のあり方の転換なのであり、有機か非有機かの区分だけを求めているわけではない。

いま有機ＪＡＳ規格の運営は、厳格化の方向に向かっている。たとえば、水稲の紙マルチ栽培の紙や播種用のシーダーテープの材質について、製造過程で化学物質が使われている問題が指摘され、ノンケミカルの原則に合致した素材への切り替えが必須のこととして求められている。ＪＡＳ規格の厳密性からすれば、それはそのとおりだろう。しかし、それはあまりにも些末なことではないのか。行政としてもっと本質的に問うべき課題があるのではないのか。

紙マルチ栽培についていえば、土づくりが高度に進んだ有機水田の場合は、敷き詰めた紙マルチの分解が早い。その結果、稲の茎葉が繁茂する前に田面が露出し、そこに雑草がたくさん発生してしまうという現象がみられる。また、かなりコストがかかるので、別の抑草方法に切り替えるために紙マルチの使用を中止すると、その年は猛烈な雑草発生に悩まされるという状況も普通のこととしてある。前者は、有機水田の有機物分解力の高さを示している。後者は、紙マルチ栽培は雑草抑制に素晴らしい効果があるが、強害雑草の生態的抑制など田んぼの生態系の高度化という役割はあまり果たされてこなかったことを示唆する。

この二つの現象は、有機農業技術の問題としてはかなり本質的なことである。前者は有機水田の環境浄化力にかかわり、後者は有機農業による生態系形成にかかわり、いずれも有機農業の自然的生産力形成の課題と深く関連している。ところが、有機JAS規格においては、こうしたことは何の意味もない事柄になってしまうのだ。

このように、有機農業の発展方向、充実と深化の方向性の論議にとって、線引き区分論だけに終始している有機JAS規格はどうでもよいことが多い。誤解を恐れずに言えば、線引き区分はほどほどになされていれば、それで適切とすべきではないのか。

だが、厳格化へと進む有機JAS規格は、現実の法制度においては強制力をもって有機農業全体をしばっている。これはとてもおかしなことではないのか。強制制度である中心的根拠としてコーデックス準拠という国際整合性の確保があげられ、厳格な運用で国際整合性が確保された結果、日本の有機農業は広がらず、有機ＪＡＳ制度で格付けされた農産物と農地の多くは海外のものとなっている。この現実をどう考えるのだろうか。

有機ＪＡＳ制度のあり方については抜本的再考が必須である。

第Ⅱ部　有機農業の社会的役割と可能性

第5章　食の見直しと農の再生

1　食の変貌――日本型食生活の崩壊

すでに過去のことのようになってしまったが、二〇〇七年一二月に起きた中国製冷凍餃子による中毒事件は衝撃的で、多くの国民が食の見直しを考える大きな転機となった。それは、安全性が保証されていると信じていた身近な食品に農薬汚染の危険があることをまざまざと示しただけではない。「手作り餃子」と銘打った製品を中国の労働者たちが黙々と製造している映像が、とりわけショッキングだった。

振り返れば、少し前までは、日本でも餃子は代表的な家庭料理としてあり、多くの家庭で子どもたちも手伝って皮から作っていた。それが「手作り餃子」というものだったはずだ。

私たちの食は、なんと大きく変わってしまったことか。多くの国民はこの事件をとおして、食の大変容とその怖さを見せつけられ、見直しを模索し始める。

かつて、食の向こう側には農の姿が見えていた。ところが、現在は、食と農は遠く離れた関係となってしまっている。食材の生産地も加工地も海外が多くなった。日本では農も農村地域も力を落とし、農業は大幅縮小の方向に向かっている。

図6は一九六五年度と二〇〇五年度という四〇年を隔てた二時点をとって、カロリー供給の視点から食の変容を示したものだ。農水省の『食料・農業・農村白書』に掲載された図である。この図から、四〇年間の食の変容について次の三点が確認できる。
①一人一日あたりのカロリー供給熱量には、大きな変化はない。
②米からのカロリーは、一〇九〇キロカロリーから五九九キロカロリーへと激減した。
③畜産物は一五七キロカロリーから三九七キロカロリーへ、油脂類は一五九キロカロリーから三六八キロカロリーへと激増した。
この変化を食卓の姿の変化として描き直してみよう。一九六五年ごろには、毎日の食事の中心にご飯があり、ご飯を美味しく食べるためにおかずが準備されていた。しかし、二〇〇五年ごろになると食事の主役はおかずとなり、ご飯は添え物的位置に退いている。米の激減の対極に展開した畜産物と油脂類の急増は、主として加工食品、調理済み食品、そして外食によるものだ。食材が家庭で調理される比率は小さくなり、間に食品企業、外食企業が介在して、加工食品や外食が急激に増加したことも、こうした変化の背景にあった。食の外部化、食の産業化

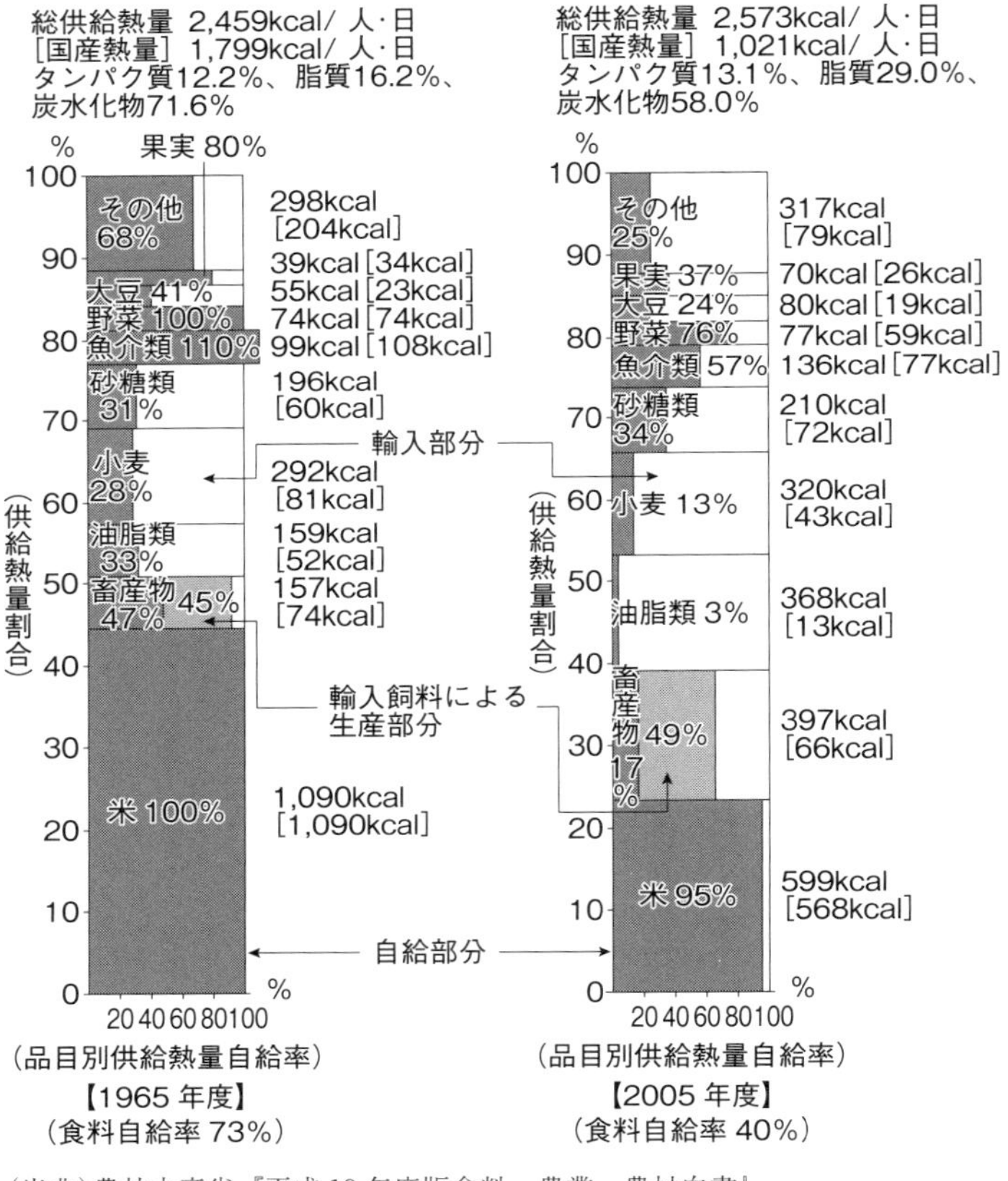

(出典)農林水産省『平成 19 年度版食料・農業・農村白書』。
(注)[　]内は国産熱量の数値である。

図 6　供給熱量の構成と品目別の食料自給率の変化(供給熱量ベース)

とされているプロセスである。

栄養や健康の視点からこの変化をみれば、脂質の過剰摂取という問題が浮かび上がってくる。カロリー供給源をタンパク質(P)、脂質(F)、炭水化物(C)に分けて、その供給比率を示す指標に、PFC比率がある。一九六五年度は、タンパク質一二・二%・脂質一六・二%・炭水化物七一・六%だったが、二〇〇五年度には、タンパク質一三・一%・脂質二九・〇%・炭水化物五八・〇%となった。脂質の増加と炭水化物の減少を端的に示す数字である。脂質の比率はおおよそ二五%が健康の危険水準と言われており、国民的規模で広がっているメタボリック症候群の食構造的背景がここに示されている。

一九六五年ごろの食生活パターンは日本型食生活と呼ばれ、国際的にも評価が高い。欧米でも日本食はヘルシーとされ、人気を呼んでいる。だが、当の日本では、この四〇年間に日本型食生活は相当程度に崩壊してしまっているのである。二〇〇五年の食生活は、ファストフード型食生活とでも呼ばざるを得ないものとなってしまっている。

そして、図6に関してもう一つ指摘したいのは、対応する食料自給率の変化である。カロリーベース自給率で見ると、一九六五年度は七三%、二〇〇五年度は四〇%となっている。食材の海外依存の拡大が、こうした食の変容の背景にあったのだ。

2 農の変貌——社会の農離れと農の縮小

では、この時期に農はどのように変わったのか。一九六五年と二〇〇五年の農についての統計数値の変化を拾ってみよう。

まず、社会全体における農の位置については、社会的多数派から少数派への大変化があった。この間、農家人口は総人口の三〇・三%から六・六%へ、農業就業人口は総就業人口の二〇・六%から四・〇%へ、それぞれ減少している。ちなみに一九五五年には、農家人口の比率は四〇・七%、農業就業人口の比率は三三・八%であった。この時期に、日本は農業・農村社会から工業・都市社会に移行したということである。

農業の様相も大きな変貌を遂げている。農家数は五六六万戸から二八四万戸へと半減した。新規学卒就農者は一九六五年の六万八〇〇〇人から二〇〇五年にはわずか二五〇〇人となり、農業の世代継承はたいへん困難になっている。

一言で農家といっても、大規模な専業農家もあれば、小規模な零細農家もある。こうした農家の内部構成について、かつては専業農家・兼業農家という区分が使われていたが、状況に合わないという理由で、最近では主業農家・副業農家という区分が使われるようになっている。この新しい区分で一九九〇年から二〇〇五年までの変化を追ったのが表2だ。

表２　類型別農家数の推移 単位(農家数：1000戸)

区　分		販売農家計	主業農家	準主業農家	副業的農家	自給的農家
実数	1990	2970	820	954	1195	865
	1995	2651	677	694	1279	743
	2000	2336	500	599	1236	784
	2005	1949	428	440	1081	899
増減率(%)	95／90	△ 10.7	△ 17.4	△ 27.2	7.0	△ 14.1
	00／95	△ 11.9	△ 26.1	△ 13.7	△ 3.3	5.5
	05／00	△ 16.6	△ 14.5	△ 26.6	△ 12.6	14.7
構成比(%)	1990	100.0	27.6	32.1	40.3	—
	1995	100.0	25.6	26.2	48.2	—
	2000	100.0	21.4	25.7	52.9	—
	2005	100.0	22.0	22.6	55.5	—

(出典)農業センサス。

ここで読者のために、農家の類型に関する統計用語の定義について解説しておこう。

農家：一〇a以上の経営耕地面積を有するか年間農産物販売金額が一五万円以上の世帯。

農家は、さらに「販売農家」と「自給的農家」に区分される。

販売農家：三〇a以上の経営耕地面積を有するか、年間農産物販売金額が五〇万円以上の世帯。

自給的農家：三〇a未満の経営耕地面積で、年間農産物販売金額が五〇万円未満の世帯。

「販売農家」は、さらに「主業農家」「準主業農家」「副業的農家」の三類型に区分される。

主業農家：農業所得が主で、六五歳未満の

農業従事六〇日以上の者がいる農家。

準主業農家：農外所得が主で、六五歳未満の農業従事六〇日以上の者がいる農家。

副業的農家：六五歳未満の農業従事六〇日以上の者がいない農家。

かつての専業農家・兼業農家の区分との関連で言えば、現在の「主業農家」は「専業農家」と「第一種兼業農家」の合計から「高齢者農家」を除いた農家群を指す。また、「準主業農家」と「副業的農家」はかつての「第二種兼業農家」で、その内訳が「六五歳未満の農業従事六〇日以上の者」の有無で区分されたということである。さらに言えば、かつての「農家」は「販売農家」と「自給的農家」に統計用語として区分され、結果として「自給的農家」は農政対象からほぼはずされるようになった。

以上の用語的約束事を前提として**表2**を読むと、一九九〇年から二〇〇五年の一五年間の変化として次のような諸点が確認できる。

①「販売農家」は二九七万戸から一九五万戸へと六六％に減少。「販売農家」と「自給的農家」を合わせた「総農家」は、三八四万戸から二八五万戸へと七四％に減少。

②「主業農家」と「準主業農家」は激減。「主業農家」は五二％に、「準主業農家」は四六％に減少。

③「副業的農家」は二〇〇〇年までは大きな変化はなかったが、二〇〇〇年から減少が始まった。

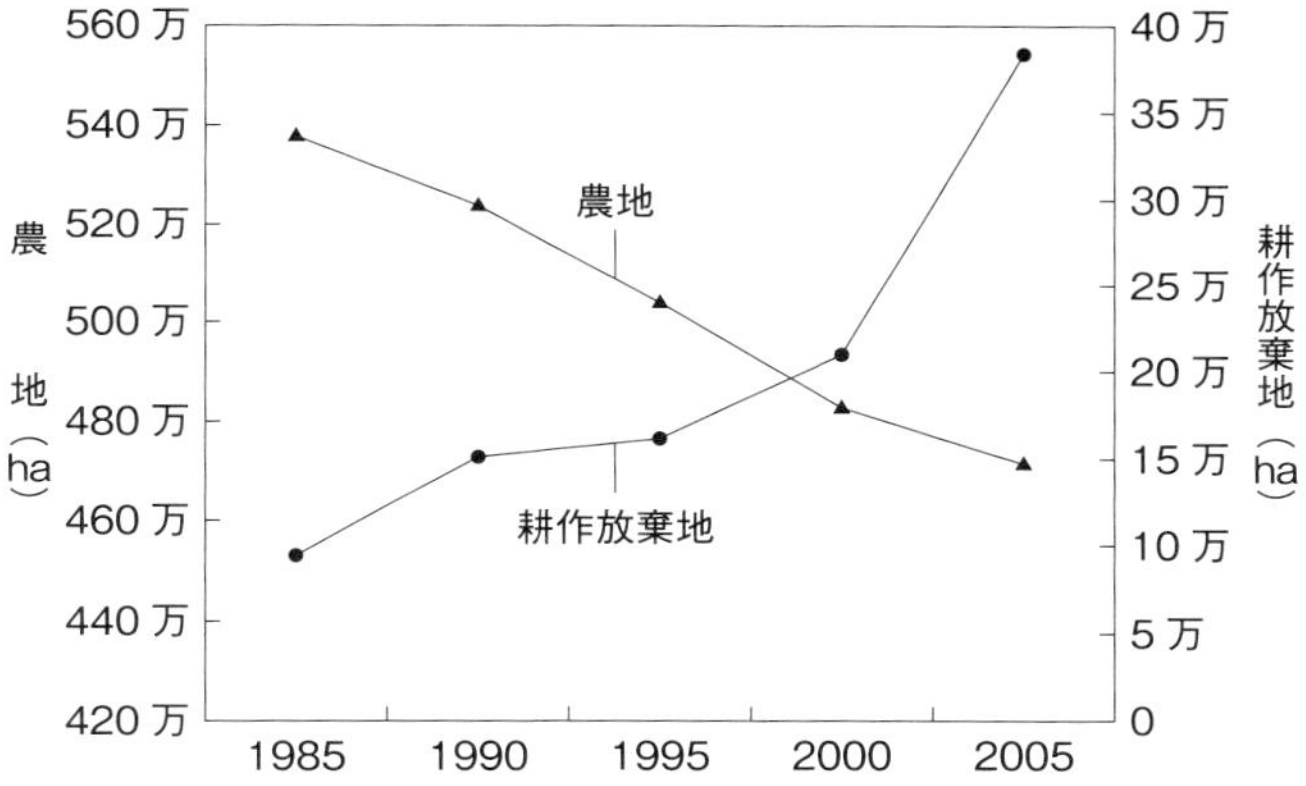

図７　農地面積と耕作放棄地面積の推移

④「自給的農家」に大きな変化はない。八七万戸から九〇万戸に微増。

⑤「総農家」に占める「副業的農家」＋「自給的農家」の比率は、五六％から七〇％に増加。

⑥「総農家」に占める「主業農家」の比率は二一％から一五％に減少。

要するに、農政が総力をあげて育成にあたってきた「主業農家」は無惨に減少し、逆に国が農政における助成対象からはずそうとしてきた「副業的農家」と「自給的農家」は二〇〇〇年まではほぼ現状を維持し、総農家の七割を占めるに至っている。しかし、二〇〇〇年以降は六五歳未満の働き手のいない「副業的農家」も減少を開始し、現状を保てているのは「自給的農家」のみとなっている。

農地については、総面積は一九六五年の六〇〇万haから二〇〇五年の四六九万haに、利用率は一二四％から九三％へ、それぞれ減少した。また、最近、耕作放棄地の増加が話題となっている。これについては一九八五年以降の数値しかないが、図7に示したように八五年の九万haから二〇〇五年の三八万haへ急増した。

3　食と農の国際環境と政策選択

このような食と農の大きな変容は、戦後日本の政策選択と国際環境の変化の結果である。その過程で、農と食の間で貿易、食品加工、流通などの領域の資本が巨大に成長し、そうした資本の主導性のもとに農を大切にしない食の仕組みがつくられ、結果として農の衰退が進行していく。

政策選択と国際環境については、まず、一九五〇年代、六〇年代の対米関係の構造と日本の進路選択の問題があった。この時期の日本は、対米従属を前提とした経済成長が基本路線とされ、食と農に関してはアメリカの余剰農産物の受け入れと、そのための構造再編が推進されたのである。

食の分野では、「米を食べるとバカになる」という宣伝のもとに、パン食と洋食の強引な普及が図られた。一九五四年にはMSA協定(日米相互防衛援助協定)の一環として、アメリカからの小麦輸入を義務付けた小麦購入協定が締結され、同じ年に学校給食法が制定されている。学校給食法では「完全給食」という概念が設定され、アメリカからの輸入小麦によるパン食と脱脂粉乳の給食が強制化された。

農の分野では、一九六一年に農業基本法が制定された。この法律によって、アメリカからの穀物輸入と競合しない園芸の振興、輸入飼料の増大をふまえた畜産の振興を内容とする選択的拡大政策、自給型農業から産業型農業への転換をめざす農業近代化政策が国をあげて推進されることになる。

続いて、一九八〇年代からのグローバリズムと構造再編の本格化があった。端的には、一九八五年九月のプラザ合意と九五年のＷＴＯ（世界貿易機関）の創設が画期となった。これによって円高が急激に進行し、貿易の自由化、関税の引き下げが極限的に進められた。その結果、国産農産物は急激に割高となり、農産物輸入が急増し、国内の農産物市場は供給過剰が構造化し、国産農産物価格は傾向的に下落していく。こうした変化のなかで、農業は構造的に採算のとれない産業分野となってしまった。

食料自給率はこの間一貫して下落してきたが、下落の激しかった時期は一九六〇年代と八〇年代である。それは、前述の二つの社会的構造変化と対応している。

こうしたプロセスで農と食の中間に位置する流通加工分野の資本の大成長があったと先に述べたが、それについての最近の動きを表３に示した。ここには、食料産業の内部構成の変化が記されている。この表のかぎりでは、食料産業全体の成長のピークは二〇〇〇年ごろであり、〇五年には一九九〇年水準まで下落した。

表３　食料産業の内部構成の推移（単位：10億円）

項　　目	1970年	1980年	1990年	2000年	2005年
食料産業全体	11516.7	32751.8	48260.2	52610.6	48223.1
農・漁業	3998.9	7814.6	9556.3	6728.7	5811.4
関連製造業	3373.6	9556.4	13097.7	15053.6	13609.8
関連投資	334.6	1401.6	1647.4	1780.3	1049.9
飲食店	875.6	4895.3	8697.0	9964.5	8597.0
関連流通業	2934.0	9083.9	15261.8	19083.5	19154.9
農・漁業／食料産業全体（％）	34.7	23.9	19.8	12.8	12.1

（出典）農林水産省『平成18年度版食料・農業・農村白書』。

その内部構成をみると、農・漁業は一九九〇年以降一貫して下落し、逆に関連流通業は一貫して成長をとげている。食料産業全体に占める農・漁業の比率は、一九七〇年には三四・七％だったが、二〇〇五年には一二・一％となった。一方、関連流通業の比率は、一九七〇年の二五・五％から、二〇〇五年には三九・七％にまで増えている。

ここに端的に示されているのは、食と農の大変容のなかでの流通加工資本の主導性の高まりである。かつて食と農は一体的なものであり、地場生産・地場消費、すなわち「地産地消」は当たり前のものとしてあった。

そして、「身土不二」という真理の言葉がある。人の体と土は二つに分けることはできない、人の健康は地域の農とつながる食をふまえて保たれる、という仏典由来の言葉である。気候温暖で優れた農の文化が築かれてきた日本では、「身土不二」はごく当たり前のことであり、どこの地域にも「身土不二」をふまえた個性的な食と農が協働したあり方があった。

しかし、戦後の食と農の変容のなかで、現在では「地産地消」「身土不二」の真理はほとんど見えなくなっている。本章の冒頭で取り上げた中国製冷凍餃子中毒事件から多くの国民が気づいたことは、「地産地消」「身土不二」が失われてしまっている現実と、その怖さである。日本人の食べものの生産に使用されている農地面積は、海外が一二四五万ha、国内が四六五万haである。国内農地の比率を仮に農地自給率と呼ぶとすれば、それは二七・二％にすぎない。しかも、海外依存の食材の多くは食品産業の原材料となり、食品加工拠点も海外に移っている。加工食品や外食など外部化した国民の食の海外依存度は著しく高い。

4　グローバル化時代の食の安全と農薬問題

中国製冷凍餃子中毒事件は、こうしたグローバル化の時代の食の危機を象徴する事件である。そこでは、三つの大きな事実が鮮明に示された。

第一に、食べものの農薬汚染がグローバル化のなかで深刻な状況を生んでいることである。振り返れば、食べものの農薬汚染の危険性を回避する国内の政策制度の構築は、一九七一年の農薬取締法改正と食品衛生法改正を期として開始された。そこで前提とされた認識は、農薬使用にはプラス面とマイナス面があり、マイナス面を規制し、プラス面の効用を確保するという点にあった。マイナス面規制の要点は、以下の四点である。

①毒性の面で問題が大きい農薬を登録許可からはずす低毒性農薬化。

②農薬使用方法において安全性や環境保全に配慮していく。

③食べものに残留する農薬量の許容限界を定め、流通段階で基準値遵守を監視する、食品衛生法による農薬残留基準の設定。

④農薬残留基準値を超えないための生産段階の農薬使用方法を確立する、農薬取締法による農薬安全使用基準の設定。

最近では、国内農業において無登録農薬の使用があった事件や中国からの輸入野菜の農薬汚染事件への対応策として、農薬取締法改正による農薬使用者への厳しい法規制が実施されている。また、食品衛生法にかかわる農薬残留基準については設定が大幅に遅れてきたが、二〇〇五年に包括的な残留基準リストが設定され、ポジティブリスト制として施行された。これらの国内的措置の積み上げによって、食べものの農薬汚染対策についてはある程度の水準が確保されていると理解されてきたわけだ。ところが、こうした理解がグローバル化時代の食品農薬汚染の実態からかけ離れた甘いものになっていたことが明らかにされた。

冷凍餃子事件で深刻な中毒を引き起こしたメタミドホスは、日本では許可されたことのない強毒性の農薬だ。しかし、中国ではごく最近まで普通に使用されていた。その後、使用禁止になったものの、回収措置はとられていない。中国では容易に入手可能な状態が続いていた。また、この事件に関連して実施された中国産冷凍食品の残留農薬検査では、パラチオンも検出されている。パラチオンは一九五〇年代から六〇年代にかけての米の増産時代に日本でも広範に使用された超強毒性の殺虫剤である。農業者の中毒死亡事故が多発し、一九七二年に使用禁止になった。その忌まわしいパラチオンが、中国ではつい最近まで普通に使われていたのである。

そのほかにも、冷凍餃子事件に関連した農薬分析でさまざまな農薬が検出されている。これらのデータからすれば、中国から輸入されている農産物や加工食品の農薬汚染危険度が国内産と比べて格段と高いことは明らかなのである。

第二に、こうした深刻な食品事故あるいは事件が起きても、海外産の食べものについては、生産、加工、流通過程に関する安全対策の実施や事件捜査に関して日本の国家権力は及ばないという、いわば当たり前の事実である。日本と中国の事件捜査がかみ合わず、事件はまず外交問題となり、捜査協力の前に外交的対話の成立が追求されなければならないという、今日の国際的事件の図式が食の安全問題にも当てはまることが明確にされた。

農薬問題についてみれば、先に述べたように国内法は生産段階の規制法としての農薬取締法と、食品の流通・販売段階の規制法としての食品衛生法の連携として、組み立てられている。農薬残留についての規制は食品衛生法の農薬残留基準によるポジティブリスト管理として強制的な制度になっているが、その制度が順調に運営されるためには、消費段階で残留基準値を超えないように、生産段階で農薬使用の管理体制が確立されていなければならない。生産段階での体制づくりは農薬取締法によって制度化されている。ただし、そこでの制度は刑事罰を伴う強制制度としてだけ組み立てられているのではなく、関係者の意思と協力を前提とされている部分もある。

こうした生産・流通・消費の各段階についての複合的規制制度は、国内では業界団体の協力もあり、それなりに円滑な実施がされている。だが、生産・加工・流通過程が海外にある場合には、この連携制度は機能しない。輸入農産物や輸入食品の農薬汚染管理は、もっぱら食品衛生法に頼るしかない。にもかかわらず、食品衛生法に基づく農薬汚染チェックの体制はごく大まかなサンプル検査としてしか組み立てられていない。国内制度としては農薬取締法との連携が前提とされているからである。ところが、海外産品についてはその前提が存在しないのだ。とすれば、食品衛生法による残留農薬チェックは全品検査でなければならないが、その体制は組まれていない。

第三に、海外産の冷凍食品が海外の工場からストレートに家庭の冷凍庫、あるいは給食・外食産業の調理場の冷凍庫に収納され、食されるという、今日の仕組みの恐ろしさである。

生ものについては安全性に気をかけるが、冷凍食品は一応安全圏にあるだろうという国民の常識は、大きな錯覚だった。冷凍食品には、原料調達、加工製造、輸送貯蔵などについての複雑な過程がある。実は、そこがほぼノーチェック、ノーガードであり、さまざまな危険が入り込む可能性が相当に高いという事実が、判明してしまったのである。素材として輸入される農産物については、輸入検疫段階でラフではあるが農薬チェックがされることになっている。一方、冷凍食品に関してはその体制が構築されていなかったことも判明した。

一九八〇年代以降の家庭の台所には大型冷凍庫と電子レンジがあり、その存在を前提に家庭の食にも冷凍調理済み食品が大量に入り込んだ。それは一見、衛生的で近代的な食のあり方のように考えられ、現代日本のグローバル化した食の基本構造をなしている。この構造は、外食でも、中食でも、学校給食でも、ほぼ同様である。文部科学省の調査によれば、冷凍餃子中毒事件を引き起こした天洋食品の製造品を給食に使用していた学校や幼稚園・保育園は五七八もあったという。これは、この中毒事件は学校給食でも起こり得たことを意味している。まことに恐ろしい事態である。

ところで、事件後の対策論の議論には大まかにみれば二つの流れがあった。第一は農薬などの使用管理制度の厳格化という方向であり、第二は農と切り離された現代のフードシステムのあり方を見直すという方向である。いずれも重要で、この二つをセットとして考えていく視点の堅持がとくに大切だと思われる。国や製造・販売サイドからは主として前者への対応策が強調されているが、後者と結びついた処方箋でなければ、事態の根本的解決にはつながらない。

この事件で露見した海外依存の日本の食は、明らかに危険と不安の構造である。そこにメスを入れず、単に安全性対策の強化を図るだけでは、安心・安全の食の構造を取り戻すことはできない。それは国民の多くが事件を通じて共通して学びつつあることだと思う。充実した管理体制の確立も必要だろうが、いま問われていることは、急激にグローバル化が進んでいる食のあり方、食と農が著しく離反している日本社会のあり方の見直しである。その点に踏み込もうとしない処方箋は、結局は、現状追認策にしかならない。

5 「身土不二」視点からの食の見直し

こうした現実を直視すれば、地域の風土を重視する「身土不二」の原点に立ち帰った食の見直しと農の再生が国民的急務となっていることが理解できるだろう。

だが、多くの国民、なかでも働き盛り世代の国民にとって、農は遠い存在となってしまっている。農の再生と言われても実感がわかない人びとが多数を占めているという現実もある。

就業人口という視点から国民にとっての農の位置を見ると、大まかには二つの現実が明らかになる。第一は、高齢者層にとっては農への参加はたいへん重要な位置を占めているという点である。六五歳以上の就農率は二五・七%と、四分の一を占めている。第二は、働き盛りの世代層である二〇代、三〇代の就農率はほぼ一%程度にすぎず、農への参加がきわめて希薄だという点である(一六七〜一六九ページ参照)。

表４　学校給食の目標

①適切な栄養の摂取による健康の保持増進を図ること。
②日常生活における食事について正しい理解を深め、健全な食生活を営むことができる判断力を培い、及び望ましい食習慣を養うこと。
③学校生活を豊かにし、明るい社交性及び協同の精神を養うこと。
④食生活が自然の恩恵の上に成り立つものであることについての理解を深め、生命及び自然を尊重する精神並びに環境の保全に寄与する態度を養うこと。
⑤食生活が食にかかわる人々の様々な活動に支えられていることについての理解を深め、勤労を重んずる態度を養うこと。
⑥我が国や各地域の優れた伝統的な食文化についての理解を深めること。
⑦食料の生産、流通及び消費について、正しい理解に導くこと。

（出典）学校給食法第２条。

第一の点は、農業就業人口の高齢化として否定的に紹介される数字だが、筆者の評価は逆である。これからの高齢化社会における農の可能性がここに示されていると理解すべきだろう。

問題は第二の点である。食べものの生産という社会の基幹に位置づくべき営みに、働き盛りの世代層では一％程度しか参加していない。この現実は、社会のあり方として異様なことと受けとめるべきではないか。この世代層の九九％は、農についてほぼ完全に部外者となってしまっている。日本の歴史のなかで、国民の営みから農がこれほど離れたことはかつてない。

こうしたなかで、社会全体の判断として、この海外依存の食の現実はよくないという認識がつくられていった。それは、たとえば二〇〇五年に制定された食育基本法にも示されている。そして、二〇〇八年には学校給食法が大改正され、学校給食は食育の重要な一環として位置づけられた。**表４**は改正学校給食法における学校給食の目的規定で、②④⑤⑥が今回追加された「目標」である。
②日常生活における食事について正しい理解を深め、健全な食生活を営むことができる判断力を培い、及び望ましい食習慣を養うこと。
④食生活が自然の恩恵の上に成り立つものであることについての理解を深め、生命及び自然を尊重する精神並びに環境の保全に寄与する態度を養うこと
⑤食生活が食にかかわる人々の様々な活動に支えられていることについての理解を深め、勤労を重んずる態度を養うこと。
⑥我が国や各地域の優れた伝統的な食文化についての理解を深めること。
学校給食がめざすこれらの「新目標」は、「身土不二」の考え方とほぼ同じである。それは単に学校給食にとどまらず、日本社会全体にとっても大きな時代的課題として受けとめるべき内容となっている。

6　農の再生と有機農業

農業はもともと自然に依拠し、その恩恵を安定して得ていく自然共生の人類史的営みとしてあった。食における「身土不二」は、農における「自然共生」と表裏一体の関係である。

ところが、一九六一年の農業基本法以来、国家的に推進されてきた農業近代化政策のもと

で、自然とともにあり、自然を育んできた農業は、地域の環境に負荷を与え、自然を破壊する存在となり、食べものの安全性は損なわれ、農業の持続性自体も危うくなってしまっている。

こうした近代農業のあり方を強く批判し、農業と自然との関係を修復し、自然の条件と力を農業に活かし、自然との共生関係回復の線上に生産力展開をめざそうとする営みとして有機農業が構想され、草の根からの模索が積み重ねられてきた。国も一九九二年から環境負荷低減を内容とする環境保全型農業を推進し、すでに述べたように、二〇〇六年には遅ればせながら有機農業推進法が議員立法として制定された。

では、国民が心をかけ、手間をかけ、お金をかけていくにふさわしい食を提供する質と量を日本農業がつくっていくにはどうしたらよいのか。

それは端的に言えば、日本農業をできるだけ早く有機農業に切り替えていくことだと思われる。日本農業を有機農業を軸にした環境保全型農業に全面的に切り替えていくという提案は、夢があるだけでなく、しっかりとした現実性もあると考えている。以下この点について説明したい。

まず、日本の食のあり方の切り替えを主導するにふさわしい農業の質という点で言えば、有機農業が中軸にすわることに大きな異論はないだろう。有機農業は、当初から「ホンモノの食べものの生産」「食はいのちであり、いのち育む農こそ有機農業」という志を貫いて、自立的な歩みを続けてきた。経済優先の時代にあっては、こうした主張は異端として退けられる場面が少なくなかったのは事実である。だが、有機農業に取り組む農家も、その取り組みを支持して有機農産物を食べ続けてきた消費者も、信念を貫き、その世界を着実に広げ、深めながら歩んできた。その志の高さと深さについては、現在では多くの人びとが認めるところだ。

中国製冷凍餃子事件で明らかになった食の危機は、まず農薬汚染問題として表出した。この問題へのこれまでの対策の枠組みは、農薬は使用し続け、そのリスクを回避していくというものである。しかし、この枠組みは実はたいへん脆く、至るところに抜け穴ができ、安心の領域を安定してつくることは非常にむずかしいというのが、この事件をふまえた経験則だった。そこからでてくる結論は、農薬管理だけでなく、脱農薬の政策枠組みこそ必要だということだろう。

有機農業の出発点は、農薬や化学肥料、遺伝子組み換え技術に依存しないという点にある。有機農業はすなわち脱農薬農業なのだ。食品の農薬汚染の危険が広がるなかで、有機農業への思い切った転換がこれからの日本農業の進むべき方向だとの提案には、概ね異論はないと思われる。

そこでなお寄せられる疑問は、そうした方向は理想的だろうが、現実性に欠けるのではないかという点である。有機農業が提唱されてすでにかなりの時間が経っているのに、現実にはまだ点の段階で面的普及には至っていないことも、こうした疑問の一つの根拠になっている。

有機農業の大きな展開には現実性があるのか。この問いについては、現実性は大いにあるとお答えしたい。その理由は以下のとおりである。

これまで有機農業の普及を阻んできた一つの原因に、農業にとって農薬の使用は不可欠だという強い誤解があった。だが、有機農業の最近の展開は、この認識が大きな間違いだということを具体的に立証している。有機農業は、すでに近代農業に引けをとらないところにまで達しつつある。手間は多少かかるが、品質や収量についてはすでに相当な水準が実現されている。最近の気候変動に対して適応力がたいへん高いことも、各地で実証されてきた。美味しさについては、著名な料理人たちからの折り紙付きである。残念ながら、有機農業のこうした到達点についてはまだ広く知られていない。

その一方で農業試験場からは、農薬を使わないと病虫害が多発し、壊滅的な打撃を受けるというデータも発表されている。有機農業の到達点とこのネガティブデータの食い違いはどこからくるのだろうか。それは、技術の格差だと言える。有機農業農家が確立してきた技術が農業試験場には備わっていないのだ。農業試験場に技術がないとは穏やかでない表現だが、わかりやすく言えば、農薬を使う技術はあるが、使わない技術については未熟だということである。

では、有機農業農家に確立されてきた農薬を使わない技術とは、どんなものなのだろうか。それは、田畑の生態系を健全に整え、生態系の生産的活用を図っていこうとする在地型の総合技術である。先に、農薬や化学肥料、遺伝子組み換え技術に依存しないというのは有機農業の出発点だと述べた。有機農業のより本質的な特質は、地域の自然の恵みに支えられ、自然の恵みを上手に活かしていく農業だという点にある。

農耕に関する人類史の長い歴史のなかで、自然の恵みは常に農業の支えになり、そこにはたくさんの技術的蓄積があった。ところが、そうした伝統的農業技術は、工業技術に依存した近代化農業技術の普及のなかで退けられ、忘れ去られていく。有機農業は伝統技術の地点までスイッチバックし、そこから自然の恵みをよりよく活かす新しい道を模索し、切り開いてきた。

そうした経験的蓄積によって明らかになったことは、生態系を活かす農業にとって、農薬、化学肥料、遺伝子組み換え技術の採用は決定的なマイナスになるという、いわばトレードオフ関係である。微生物、小動物、雑草も含む植物の穏やかな連関構造をつくり上げ、生産に活かそうとしたとき、生き物を殺す農薬、自然な栄養バランスを乱暴に壊す化学肥料、生物界の根本をなす「種の秩序」をダメにしてしまう遺伝子組み換え技術との共存はあり得ない。有機農業ではそうした生態系形成のプロセスを「土づくり」と呼び、取り組みの基幹に位置づけてきた。

要するに、有機農業を進めるには技術路線の転換が必要なのである。ただし、そこで大きな問題になるのは、その転換には技術的なトラブルが伴う場合が少なくないという現実である。これは考えてみれば当たり前のことでもある。近代農業では田畑の生態系は不要のものとして退け、かぎりなく貧弱な状態へと貶めてきた。そこで生ずる自然の反乱としての病虫害多発や栄養過剰障害などへの対策として準備されてきたのが、農薬やサプリメント剤的な栄養資材である。そうした状態で農薬や化学肥料の使用が中止されれば、自然の反乱だけが進む。いわば禁断症状である。そうした混乱状態から脱して自然の豊かな循環系を取り戻していくプロセスが、有機農業への転換期間と呼称される時期である。

巧みな技術的準備があれば、この転換リスクはある程度回避できることも実証されつつあるが、有機農業への転換には一定のリスクがあるというのが冷静な認識だろう。このリスクの存在が、有機農業の幅広い普及にとって大きな障害となってきた。

ここで付言すれば、こうした転換リスクは一時的なもので、田畑と作物の連携が前向きに進み始めれば、有機農業は「だんだん良くなる農業」として、遠い未来につながる幸せの道を歩み始めていく。これもまた経験的に実証されている事実である。

そこで問題は、そうした有機農業への転換時のリスクを社会がどのように受けとめるのかという点である。そのリスクはこれまで、もっぱら有機農業者とそれを支持して有機農産物を食べ続ける消費者が負担してきた。このリスク負担が有機農業の広がりを阻む大きな壁だった。有機農業への転換チャレンジを社会が支持し、転換時リスクを軽減し、それを社会全体が負担していく。そうした支援体制の形成が、有機農業への幅広い転換にとってどうしても必要な措置だと思われる。

第6章 「農業と環境」政策と有機農業

1 有機農業と環境保全型農業の政策的関連性と相違性

これまで農政の分野では、有機農業は環境保全型農業の枠内に位置づけられることが多かった。だが、この考え方は必ずしも当たり前のことではない。

「有機農業」という言葉は一九七一年の日本有機農業研究会の設立に始まる。創刊当初の機関誌は『たべものと健康』であり、有機農業は環境との関連もさることながら、食べものや健康との関連もきわめて強い。また、有機農業は基本理念として身土不二を掲げ、地産地消と生活自給を重視して、その実践を草の根から積み上げてきた。日本有機農業研究会は二〇〇〇年に「有機農業のめざすもの」を次の一〇項目に取りまとめている。

「安全で質のよい食べ物の生産／環境を守る／自然との共生／地域自給と循環／地力の維持

培養／生物の多様性を守る／健全な飼養環境の保障／人権と公正な労働の保障／生産者と消費者の提携／農の価値を広め、生命尊重の社会を築く」

なお、日本有機農業研究会設立のはるか以前から、自然農法という名称で有機農業とほぼ同様な取り組みが積み重ねられてきた。一九三〇年代なかばに、宗教家の岡田茂吉氏、農業哲学者の福岡正信氏がほぼ同時に提唱し、実践が重ねられてきたのである。そこでの主要関心は、環境というよりも、農業をとおした自然と人間の関係性のあり方にあった。

有機農業のこうした側面は、現在の国の環境保全型農業政策の枠内にはとても収まりきらない。有機農業は環境重視の農業構想であるが、それは農業近代化を根底的に批判し、日本農業のあるべき姿を取り戻そうとする、総合的で全体性のある農業構想である。したがって、農政の部分政策に包摂しようとしても、相当な無理が生じてしまう。むしろ、有機農業はこうした収まりきれないはみ出し性にこそ本質があると考えたほうが当たっているのかもしれない。

政策の整合性・統一性を重視する視点からすれば、有機農業の独自の全体性やはみ出し性は、困ったこととして受けとめられ、異端として排除するという論理も生じる。そうした対応は、既存の政策路線が盤石で、成功裏に展開しているときに、ある種の有効性をもつかもしれない。だが、既存の政策路線が行き詰まり、大きな方向転換が求められる時期においては、こうした独自性のある全体性やはみ出し性は、農政の新しい展開に道を開くものとして、むしろ積極的に評価されてもよいのではないか。

環境保全型農業が有機農業を包摂するというのがこれまでの農水省の対応だったが、今日の時代状況のもとでは、有機農業が環境保全型農業を包摂するという整理もあってよいのではないか。そして後者こそ、国民一般の見方に近いのではないか。環境保全型農業や有機農業を支持する国民世論は、環境保全の個々の側面への支持というよりも、安全で健康な食べものを求め、化学肥料や農薬の使用に支えられた近代農業とは違った自然共生型農業への切り替えを望んでいると考えることもできる。近年、急速に高まっている自然農法への関心も、そうした心情を背景としていると理解できる。

有機農業推進法は、超党派の議員提案によるもので、国に対して政策修正を求める立法だった。同法のスタート時のこうした事情は、むしろ積極的に活かすべきではないのか。従来の農政論では及び得なかった可能性が議員立法で実現されたのである。もともと環境保全型農業論には部分政策としての狭さや不十分性があったのだから、そこにはみ出した有機農業推進政策が加わることは、新しい大きな政策展開の好機と捉えるべきであろう。

2 「環境と農業」政策の展開過程

環境保全型農業の推進が農政課題として位置づけられたのは、一九九二年の「新政策」である。以来およそ二〇年が経過し、「農業と環境」にかかわる政策領域は国の農政においても重要な位置づけがされるようになり、政策内容もそれなりに充実してきた。当初は環境保全型農業政策としてまとめられようとしてきたが、その後より幅広い領域へと進み、現在では「環境農業政策」と総称したほうが適切と考えられる状況が開かれようとしている。

一九九九年制定の食料・農業・農村基本法でも「農業の多面的機能の重視」「農業の自然循環機能の重視」が謳われ、環境保全が農政の基本におかれる。一九九九年に持続農業法が制定されるとともに、同時に改訂されたＪＡＳ法に基づいて二〇〇一年から有機ＪＡＳ制度がスタートし、有機農産物の認証・表示制度が強制制度となった。二〇〇三年には「農林水産環境政策の基本方針――環境保全を重視する農林水産業への移行――」が策定され、〇六年には本書で詳述してきた有機農業推進法が制定された。そして、二〇〇七年に「農林水産省生物多様性戦略」が策定され、「農地・水・環境保全向上対策」がスタートした。

有機農業はもとより減農薬・低農薬の取り組みさえも農政において白眼視されていた時代からの変化を思うと、隔世の感がある。

「農林水産環境政策の基本方針――環境保全を重視する農林水産業への移行――」には、次のように記されている。

「農林水産業は、工業等他産業とは異なり、本来、自然と対立した形ではなく順応する形で自然に働きかけ、上手に利用し、循環を促進することによって、その恵みを享受する生産活動です」

「農林漁業者の主体的な努力を基本として、農林水産業の自然循環機能の維持・増進とともに、農山漁村の健全で豊かな自然環境の保全・形成に向けた施策を展開します。これにより、農林水産省が支援する農林水産業は、食料や木材の安定供給を図りつつ、環境保全を重視するものへ移行します」

この領域の今後の政策構築にあたっては、この基本方針をしっかりふまえ、それをより広い視野から大きく前進させていくという認識を明確にすることが、いま必要となっている。

3 「環境と農業」の政策論

三つの類型の枠組み

「環境と農業」の政策展開には、環境保全や自然共生に配慮してこなかった近代農業への反省を前提として、「環境負荷削減」「環境浄化」「環境形成」の三つの類型ないしはステージが想定される。その枠組みの概要は次のように整理できる。

①環境負荷削減（環境を汚さない）

これは農業・農村にかかわる環境負荷削減の課題と言い換えることもできる。ここには、被害者、すなわち環境汚染を被り、環境資源の収奪を受ける農業・農村の存在と、加害者、すなわち環境を汚染し、地域の自然を壊していく農業・農村の存在、という二つの問題側面がある。

前者は、主として都市や工業、さらにはグローバル化しつつある世界との関係であり、状況を厳しく見つめながら農業・農村が身を守る方策が見つけ出されなければならない。地方に巨大なリスクを一方的に押しつける原発問題は、その象徴的存在である。農業・農村を現代社会のごみ捨て場にさせてはならないという課題であり、切迫したものとして、いまわれわれの前にある。

後者は、農業と農村生活の近代化のなかで農業も生活も地域の自然との循環性を失い、その営みがほぼことごとく環境負荷的になり、しかも負荷は汚染として蓄積していく、という状況にかかわる問題である。農薬問題、化学肥料問題、ごみ問題、生活排水問題などがあげられる。これらは農業・農村自身の問題であるだけでなく、これからの時代において農業・農村が社会的支持を受けるためにぜひ改善しなければならない問題ともなっている。

②環境浄化（環境を浄化し、より良い環境を育てる）

環境負荷の対極には環境浄化があり、この両者は巨視的には環境形成的な循環論として統合される。循環が順調に進まないとき人びとの営みは環境負荷となり、循環が順調に進むとき人びとの営みは環境浄化としても機能し、結果としてより良い環境が形成されていく。

生物界の循環をおおまかに見れば、非生物的自然との多様な交流をふまえつつ、生産者としての植物群、消費者としての動物群、分解者としての微生物・土壌小動物群という、三群の円環的相互依存関係として成立している。現在の地球は消費者としての人間が圧倒的な優位を占めており、それだけに人間生存の営みが植物群と微生物群の営みと積極的な円環を結び得るか否かが、環境論にとって決定的な意味をもつ。ここに、環境論における農業の決定的かつ本源的な意味と役割があると言うことができる。

農業は積極的に植物群を育て、そのために土づくりに取り組む。土づくりとは、土壌における生物性の充実と生物活性の高度化であり、それは微生物・土壌小動物群による分解的浄化力あるいは分解的循環力の向上である。すなわち、農業は環境浄化力の向上を基礎として成立する営みである。そこでは、浄化力は循環力となり、循環力は生産力となるという、環境論からすればきわめて高度な関係が日常化されている。いま問われているのは、現実の農業がそのような営みになり得ているか否かだ。

③環境形成（身近な自然から恵みをいただく）

自然に働きかけ、暮らしに適した安定した自然が形成できたとき、ヒトは人類となった。そうした自然が、いわゆる二次的自然である。人びとは太古の昔から、二次的自然に囲まれて暮らしてきた。二次的自然の形成は、人類の誕生と発展にとって決定的な意味をもっていただろう。人びとの営みが安定した二次的自然を形成し得たとき、人びとは人類として持続性を手にすることができた。農耕はそのような営みの一つの基本的な形である。

農耕は農耕だけとしてあるのではなく、そのまわりに自らを支える自然を形成できたとき、安定した持続的営みとなる。環境形成とは、おそらく人びとと自然とのこのような状態を言うのだろう。そこでは、自然の利用は自然への手入れと同義性をもつ。里地里山に見られるような自然のあり方が、この概念に相当する。だから、農業・農村における環境形成は、具体的には農業や農村生活を地域資源の利用を基礎に組み立て、その資源利用が里地里山の自然保全につながっていくようなあり方が模索されなければならない。里地里山を支えてきたさまざまな営みの継続、新しい里地里山自然とそれを支える仕組みの形成などが、課題となってくる。

これら三つの領域は相互に関連し合って存在している。できれば、浄化力の高さ＝循環力の高さ＝持続的生産力の高さ＝環境形成力の高さといった連関の実現が望まれる。

身近な自然を農業生産に活かす

一九八〇年代に環境保全型農業が政策論として提唱されたころの政策的含意は、もっぱら「環境負荷の削減」に集中していた。農薬や化学肥料の削減程度は、農水省の生産政策としては三割削減程度、民間の取り組みの常識としては五割削減程度、農水省の表示政策では五割削減以上という、各種の基準が並立していた。当時の行政は、まだ投入削減にすら消極的であり、「より良い環境の形成」という課題に関しては視野にすら入っていなかった。

一九九九年の新基本法で「農業の多面的機能」「農業のもつ自然循環機能」の重視が謳われ、二〇〇三年の「農林水産環境政策の基本方針」で「環境形成」が重要な政策課題に位置づけられた。これを期として、国の農業環境政策に農村における生き物や自然の保全が加わった。各地で活発に取り組まれている「田んぼの生きもの調査」や「田んぼの学校」は政策的位置づけと支援を得て、国民の農業理解を広げ、農業者の環境意識を高めるために大きな役割を果たすようになっている。

しかし、国の農業環境政策の現在の射程はここまでであり、「身近な自然を保全し、それを農業生産に活かす」という領域にはまだ踏み込めていない。自然の恵みを活用し、微生物・土壌小動物を積極的に活用し、自然循環を活発化させ、自然共生的な生態系を育て、それを農業生産力に活かしていくという、農業本来の政策領域に、いまだ立ち入れていないのである。

また、これまでの環境保全型農業の推進施策には、「より良い、より安全な食べものの生産の推進」という農業・農政の第一義的課題との関連が不明確だという大きな欠陥があった。有機農業にとっては、これらの政策課題は自明のこととしてすでに内部化され、民間の実践として相当な成果が生み出されている。このような「環境と農業」の政策領域の重要課題を解決するためにも、地域を場とした環境保全型農業と有機農業の連携と協働が、とりわけ重要となっている。

4 「環境と農業」政策と有機農業推進の重要性

有機農業における当たり前の認識は、環境保全自体が一義的な目的ではなく、自然と共にある農業生産の促進に主目的があるということだ。そうした農業生産の結果として、環境は保全され、より良い環境が形成されるという無理のない関係序列が、そこには確立されている。有機農業は、安全で健康な食べものの生産のために、自然の恵みを大切にし、自然を活かして、自然循環機能を土づくりなどの形で技術化し、生産体系を高め、成熟させてきた。低投入と内部循環の高度化が、その技術路線の基本に置かれてきたのである。化学肥料や農薬の投入はマイナス要素であり、有機質資材もできるだけ低投入であることが望ましいとされている。

そのような農業実践の結果として、より良い環境がつくられ、環境負荷は大幅に軽減されてきた。それを推進してきたのは、農家とそれを支持する消費者の意思である。その基本は、環境論というよりも、むしろ安全で健康な食べものの生産論、さらにはそうした営みを大切にする自給的生活論の追求であった。

有機農業論のこのような基本的なあり方は、環境保全型農業政策においても改めて積極的に位置づけられていくべきではないだろうか。

これまでの国の農政論においては、まず大きな柱としての「環境保全型農業の推進」があり、その枠組みのなかの小課題として「有機農業の推進」が位置づけられていた。しかし、これはこれまでの農政論からの認識であって、社会一般の常識とは少し違っている。本章の最初にも書いたように社会の常識は、まず農業のあるべき方向を真摯に追求する有機農業があって、その周辺に有機農業に触発された環境保全型農業の幅広い展開がある、というものだろう。それは事実論としても確認できる。

歴史的経緯についてみれば、日本における有機農業の歩みはすでに述べたように、一九三〇年代の岡田茂吉氏や福岡正信氏らの提唱を嚆矢とし、協同組合運動家・一楽照雄氏らによる一九七一年の日本有機農業研究会結成で幅広い国民的認識がつくられた。それに対して、環境保全型農業が政策用語として正式に登場したのは一九九二年の「新政策」からでしかない。

しかも、環境保全型農業のアクティブな担い手であった生協産直に取り組む農民たちの多くは有機農業の提唱に共鳴し、農薬と化学肥料の削減に取り組んだ。そして、その生産物をより安全で良質な食べものとして生協組合員に届けるという事業活動を自力で展開してきたのである。また、最近で言えば、田んぼの生きもの調査は有機農業系の取り組みのなかから創案されたものだった。

5　多様な担い手による自然と風土を活かした地域づくり

いま、農政のあり方が厳しく問われている。そこでの中心課題は、今後の農業の担い手育成と地域の豊かな展開をどのように位置づけるかにある。一方では、将来の担い手像を狭くしぼりこみ、結果として切り捨てていく方向と、幅広い多様な担い手を掘り起こしていく方向がぶつかり合っている。また、農業を個別経営体の収益力を指標に評価していく見方と、農業を豊かな地域づくりの中核に位置づけていく見方がぶつかり合っている。こうしたなかで、「環境と農業」政策において求められるのは、幅広い多様な担い手であり、自然と風土を活かした豊かな地域づくりの方向である。

「環境と農業」政策における担い手論としては、この課題に積極的に取り組む環境保全指向型農家への支援と育成、そして全農家に対する環境保全の取り組みの普及が基本となる。環境保全指向型農家には、有機農業農家、副業的農家や自給的農家、さらには膨大な数に広がりつつある市民耕作者などが多く含まれている。これまでの農政において、政策的に育成されてきた認定農業者については、他の類型の農家群と比べて環境保全意識が特段に高いという事実は残念ながらいまのところ存在していない。

担い手論や地域論において、農業構造政策と環境保全型農業政策では基本的状況が異なっていることは明確に認識されるべきだろう。

農業構造政策における担い手論に関しては、農業経営の法人化が奨励され、企業の農業参入も積極的な位置づけがなされようとしている。法人経営においても参入企業においても環境保全意識の高いケースが増え、参入企業ではブランド化目的で有機農業に意欲を燃やす例も目立ってきた。いずれも、それとして良いことである。これら経営群に対する環境保全型農業や有機農業への理解の促進や実践的普及も、重要な課題である。

この領域における法人経営や参入企業の活躍も期待したいが、一方で、その活動の将来展望には懸念も残る。経営的成功と環境保全型農業や有機農業の推進が矛盾し、対立的関係に陥ったとき、これらの経営群はどのように判断していくのだろうか。経営者の意思は、そこでどのようにはたらくのか。

環境保全型農業や有機農業の推進においては、短期の意思だけでなく、五〇年先、一〇〇年先をみた長期の判断を必要とする場面も少なくない。また、個別経営体の経営的正否だけでなく、豊かな地域の存続も大きな目標となる。土地と自然の将来に関して、これまでもその土地で生き、これからもその土地で生き続けていくだろう農家と比肩できるほどの意思を、法人経営や参入企業はもち得るのだろうか。それらの経営群の存立規範のなかに、土地と自然と地域を永続的に保全していく責任意識がきちんと位置づけられているのだろうか。

土地と自然と地域の永続的保全への責任意識について、一般農家にも、そして新しい農業経営群の経営者たちにも、改めて問いかけなければならないように思われる。

こうした視点からみると、これから求められる農業・農政ビジョン転換の基本は、「農業の産業化」から「いのち育む農業の再生」への転換ではないのか。

食料、環境、文化、経済、政治の全般にわたる現代社会の危機は、結局のところ、世の中が「農」と「田舎」と「自然」の価値を見失い、「大都市」「工業」の繁栄のために、「農」と「田舎」と「自然」をないがしろにし、食いつぶしてきた結果だと言わざるを得ない。したがって、「危機と破綻」から脱却し、新しい時代を拓くには、「国のあり方」「地域のあり方」「暮ららしのあり方」のどの場面でも、「農」と「田舎」と「自然」を土台に位置づけ直すことが不可欠なのである。それを農業論として端的に言えば、自然の恵みを活かすことを基本においた「いのち育む農業の再生」ということになる。

いま私たちは、「農」が変われば「国」が変わる、「地域」が変わる、「暮らし」が変わる、という展望を確立し、そのことを広く社会に呼びかけるべきではないだろうか。すなわち、「農業・漁業・林業を大切にする」「農村の価値を評価する」を大前提として、「健全な食を取り戻す」「いのち育む農を取り戻す」「土とつながる自給的な暮らしをつくる」「地域と自然を大切にする」「働き方を転換する」「農業・漁業・林業を基盤とした地域の産業の連鎖をつくる」「お年寄りも子どもたちも元気に生きる社会をつくる」などを、二一世紀の大きな課題として位置づけていくという方向である（一八〇～一八二ページ参照）。

「環境保全型農業の推進」「有機農業の推進」は、農政論においてはこれまで部分政策として位置づけられ、語られてきた。だが、単にそこに止まるのではなく、農政論の基本部分、さらには国政論の基本部分に大きく位置づけられるべき課題と方向ではないだろうか。

第7章　生物多様性の保全と新しい農業観への転換

1　第三次生物多様性国家戦略の農業観

二〇〇七年一一月に策定された「第三次生物多様性国家戦略」(以下「第三次国家戦略」)は、農業分野に大きく踏み込んだ内容となっている。「新・生物多様性国家戦略」(二〇〇二年)では、生物多様性の保全にとって里地里山の意義が大きいと強調した点が特徴であったが、「第三次国家戦略」では、それに加えて農業のあり方がとても大きな意味をもつと特筆されている。農林水産業の基本的特質に関しては、たとえば次のように述べる。

「日本人は、農業や林業、沿岸域での漁業の長い歴史を通じて、多くの生きものや豊かな自然と共生した日本固有の文化を創り上げてきました」

「農林水産業は、人間の生存に必要な食料や生活資材などを供給する必要不可欠な活動であるとともに、わが国においては、昔から人間による農林水産業の営みが、人々にとって身近な自然環境を形成し、多様な生物が生息生育するうえで重要な役割を果たしてきました」

農水省はこの「第三次国家戦略」の策定に先立ち、二〇〇七年七月に「農林水産省生物多様性戦略」(以下「農林水産省戦略」)を定めた。そこでも、農業と生物多様性の原理的関係性について、すなわち農業観について、たとえば次のように踏み込んだ記述がされている。

「農林水産業は、工業等他産業とは異なり、本来、自然と対立する形でなく順応する形で自然に働きかけ、上手に利用し、循環を促進することによってその恵みを享受する生産活動であり、生物多様性と自然の物質循環が健全に維持されることにより成り立つものである」

「農林水産業は、自然界における多様な生物がかかわる循環機能を利用し、動植物等を育みながら営まれており、生物多様性に立脚した産業である。このことから、持続可能な農林水産業の展開によって自然と人間がかかわり、創り出している生物多様性が豊かな農山漁村を維持・発展させ、未来の子どもたちに確かな日本を残すためにも、生物多様性を保全していくことが不可欠である」

生物多様性と農業に関するこのような基礎認識をふまえて「第三次国家戦略」では、これからの田園地域の「望ましい地域のイメージ」を次のように描いている。少し長いが、記述の一部を紹介しておきたい。

「農地を中心とした地域では、自然界の循環機能を活かし、生物多様性の保全をより重視した生産手法で農業が行われ、田んぼをはじめとする農地にさまざまな生きものが生き生きと暮らしている。農業の生産基盤を整備する際には、ため池やあぜが豊かな生物多様性が保たれるように管理され、田んぼと河川との生態的なつながりが確保されるなど、昔から農の営みとともに維持されてきた動植物が身近に生息・生育している。そのまわりでは、子どもたちが虫取りや花摘みをして遊び、健全な農地の生態系を活かして農家の人たちと地域の学校の生徒たちが一緒に生きもの調査を行い、地域の中の豊かな人のつながりが生まれている。耕作が放棄されていた農地は、一部が湿地やビオトープとなるとともに、多様な生きものをはぐくむ有機農業をはじめとする環境保全型農業が広がることによって国内の農業が活性化しており、農地として維持されている。また、生物多様性の保全の取組を進めた全国の先進的な地域では、コウノトリやトキが餌をついばみ、大空を優雅に飛ぶなど人々の生活圏の中が生きものにあふれている」

ここに書き込まれている認識は現在の社会常識からすれば普通のものだとも言えるが、これまでの政府・農水省の農業観の記述を読んできた人間にとっては、驚くほどの転換を感じざるを得ない。ここには、「農業は自然の恵み（生物多様性と物質循環）に支えられており、農業の展開のなかで自然は豊かになってきた。そして、たくさんの人びとがその営みに参加してきた」ということが述べられている。それは、自然と農業の親密な関係性とそうした農の営みへの人びとの参加の重視、すなわち自然共生型農業という考えであり、これまで政府が提示してきた農業観とはかなり異なるものである。

なお、生物多様性条約に対応する現在の国家戦略は「生物多様性国家戦略二〇一〇」であり、農林水産分野のそれは「農林水産分野における生物多様性戦略の強化」である。しかし、内容としては「第三次国家戦略」と「農林水産省戦略」とほぼ同じで、それに戦略計画実行のための詳しいプログラムが加わったものとなっている。そこで本章では、「国家戦略二〇一〇」ではなく「第三次国家戦略」を検討の対象とした。「第三次国家戦略」から「国家戦略二〇一〇」への補強事項は、主として生物多様性条約第一〇回締約国会議（ＣＯＰ10）への対応を意識したものと言えるようだ。

2　農業近代化による自然への悪影響

一九六一年の農業基本法を転機として国をあげて推進してきた農業近代化政策においては、「第三次国家戦略」で示された農業観とは正反対とも言える考え方が基本とされていた。そこでは、前述のような農業観は遅れたのものとして否定され、農業発展の基本線は自然依存・自然共生ではなく、自然改変・人工優位の方向におかれたのである。

その考え方をふまえて、近代的土木事業による農村自然の改造と工業資材の大量投入が進められていく。それによって地域の自然と農業の密接な関係性は断ち切られ、生物多様性を含む地域の自然は乱暴に壊された。そして、生物多様性保全が国家戦略として位置づけられるようになったいまから思えば驚くべきことだが、関係者はこれらのことにおよそ無頓着であった。その無頓着さについて、例をあげておこう。

いま、農薬使用制度には環境配慮の項目が加えられており、たとえば、環境毒性の抑制のために魚毒性の規制が設けられている。これは、かつて普及度の高かった水田除草剤のＰＣＰの使用によって至るところの田んぼや農業用水路でドジョウなどの魚が死んで浮き上がるという光景が広がったことに端を発している。世論の強い批判のなかでＰＣＰの農薬登録は失効し、併せて魚毒性の農薬規制制度が一九六五年から施行されことに始まる制度構築であった。

そのとき導入された魚毒性試験の指標は、コイの半数致死量であった。その後、コイは環境毒性に強い抵抗力があり、それだけを指標とするのは適当ではないとの批判が強まり、ミジンコの半数致死量も指標に加わったといった経緯がある。

しかし、コイにミジンコが加わったとしても、わずかな種類の生き物の半数致死量を農薬規制の指標とし、それを環境に配慮した農薬使用政策だと語るセンスは、今日の生物多様性保全政策からすれば、無頓着とあきれるほかはない。コイとミジンコ以外の生き物への配慮はどうなっているのだろうか。死亡する生きものが半数以下で三分の一水準なら、それで良しとするのだろうか。また、野生生物が取り込んだ化学物質は複雑な食物連鎖のなかで生物濃縮が進むことが知られているが、そうした生物濃縮への配慮はどうなっているのだろうか。せめて、多種の水生生物に対して毒性が表れ始める閾値《しきいち》の把握などを規制基準とすべきではなかっただろうか。

さらに、農薬の空中散布は、無頓着のきわめつけと言うべきだろう。田んぼや松林への農薬の空中散布の実施地域は減少しているものの、引き続き実施している地域も少なくない。田んぼについては水稲の出穂前がおもな実施時期で、散布前には地域住民にチラシが配られ、注意が喚起される。注意書きの要点は、「散布は早朝に実施するので、その時刻には外出しないようにする。ペットや金魚などには農薬がかからないように工夫する。車にはカバーを掛けてほしい」などである。

だが、そこには、生物多様性保全、野生生物保護の視点は記載されていない。農薬の空中散布で、川や田んぼの魚たちはどうなるのだろうか。トンボやゲンゴロウなどの虫たちはどうなるのだろうか。こうした野生の生き物たちにも、農薬の空中散布をするから一時待避してほしいと言うのだろうか。農薬空中散布は地域の病害虫の一網打尽を目的に実施している。生物多様性保全を国家戦略とするようになったいま、国は農薬の空中散布をどのように見直すのだろうか。

これらはほんの一例にすぎない。近代化技術における自然に対する影響についてのこうした無頓着さは、ごく普通のことであった。「第三次国家戦略」では、生物多様性の保全にとって農業のあり方がたいへん重要な意味をもっており、だからこそ新しい農業観の確認が必要だとして前述のような記述がされたのであろう。それを言葉だけに終わらせないためには、農業近代化政策が果たしてきた現実の自然破壊に対する無頓着さへの総点検も不可欠だろう。

3　自然改造と自然からの離脱の過去を見つめて

しかし、問題は単なる素朴な無頓着にあるわけでないことは言うまでもない。「第三次国家戦略」で示された農業観は、端的に言えば伝統的な農村や農業の再評価であった。一方、生物多様性に支えられ、それを育むかつての農村や農業の仕組みとあり方を意識的に壊していったのが、農業近代化政策である。

近代的土木技術による農村や農地の基盤整備の結果は、無惨なものだった。農地やその周辺環境を単純な生産装置に改造し、地域で多様な生き物が生きていく基盤(場と仕組み)を徹底的に壊してしまった。春の小川としてフナやメダカやドジョウやトンボを育んできた農業用水路は地下パイプに変えられ、排水路は深く掘られて、コンクリートで固められていく。同時に進められた河川改修と連動し、河川と水田の相互的な連続性(生き物の往来など)はほぼ断ち切られた。水田の乾田化工事が進み、冬期も完全には排水されない湿田はほとんどなくなる。水田地帯ならばどこにでもあった水たまりも、姿を消した。圃場区画は広くなり、畦畔や法面は少なくなり、農地のまわりの木立はほとんどが伐られてしまった。

農村地域全体に関しては、道路はまっすぐになり、人びとは野道を歩かなくなる。利用価値が減退した里山を潰して農地が広げられ、野生生物が逃げ込み生息していた藪地はほとんどなくなった。本来、まずは地域の自然があり、それと折り合いをつけながら農村の暮らしの場がつくられ(ムラ)、そのまわりに地形に則した形で農地が拓かれ(ノラ)、その外縁に里山が広がり(ヤマ)、それらを連関させながら地域の暮らしと農業が営まれる。近代的農村整備によってこうした農村の仕組み(ムラ―ノラ―ヤマの三相連関)は壊され、消滅していった。

農業についても、トラクターによる徹底した耕耘と化学肥料の大量施用が栽培の前提となり、病虫害には農薬の大量施用で対応するようになる。地力の重要性の認識は弱まり、堆肥施用は減少した。逆に、土壌改良資材の投入は増加し、土壌病害に対しては躊躇なく農薬による土壌燻蒸が実施されるようになっている。

こうした技術的措置は、ある限定した範囲内での農業生産の投入と算出の関数的関係の効率化にはつながるだろうが、生物多様性も含めた多様な自然条件と農業を結びつけ、長期にわたる安定した生産体制、すなわち持続性を整えていくことにはつながらない。たとえば、過度な耕耘は土壌の構造を壊し、大量施肥は土壌微生物と作物の共生関係をなくしてしまう。ハウス栽培など栽培の施設化が進み、作付の季節性がしだいに失われ、作物栽培は農地の自然環境と切り離されていく。

農業経営は多品目の複合経営から単一経営の方向に進み、地域農業も単作化する。品種選択については少数の改良品種に集中するようになり、農作物の遺伝的多様性を広げていた多様な在来品種の作付が失われてしまった。遺伝子組み換え作物の商業栽培は日本ではいまのところ実施されていないが、アメリカでは、遺伝子組み換え品種比率は大豆で九二％、トウモロコシで八〇％に達している。これらの作物では、わずか一～二品種に作付が集中するという極端な単純化が生まれてしまった。

こうしてあげていけば、きりがない。農業近代化政策の推進のなかで、農村の生態系は利便性と短期的生産性の論理のもとに単純化され（生態系の多様性の喪失）、農村生物の絶滅など生き物の多様性が失われ（種の多様性の喪失）、単作化と作付品種の単純化が進む（作物の遺伝的多様性の喪失）など、かつての農業・農村が育んできた生物多様性の体制は崩れてきたのである。

4　生物多様性保全のための農業・農村政策への転換を

「第三次国家戦略」と「農林水産省戦略」では、農業近代化政策によるこのような諸結果をふまえてのことなのだろう、生物多様性保全に資する農業・農村技術政策の確立とその総合的推進が強く提唱されている。田園地域・里地里山地域における具体的な推進政策としては、次の八点があげられた。

（1）生物多様性保全をより重視した農業生産の推進

(2)生物多様性保全をより重視した土づくりや施肥、防除等の推進
(3)鳥獣被害を軽減するための里地里山の整備・保全の推進
(4)水田や水路、ため池等の水と生態系のネットワークの保全の推進
(5)農村環境の保全・利用と地域資源活用による農業振興
(6)希少な野生生物など自然とふれあえる空間づくりの推進
(7)草地の整備・保全・利用の推進
(8)里山林の整備・保全・利用活動の推進

これらの政策体系のなかで総論的位置にある「(1)生物多様性保全をより重視した農業生産の推進」の冒頭には、次のように記されている。

「適切な農業生産活動が行われることによって生物多様性保全、良好な景観の形成などの機能が発揮される。一方、不適切な農薬や肥料の使用は、田園地域・里地里山の自然環境ばかりでなく、川などを通じた水質悪化による漁場環境への影響など生物多様性への影響が懸念されることから、田園地域や里地里山の生物多様性保全をより重視した環境保全型農業を推進し、生きものと共生する農業生産の推進を図る視点でさらに取組を進める必要がある」

そして、そこでの具体的施策としては、①農薬・肥料等の生産資材の適正使用等の推進、②堆肥施用、土づくり、化学肥料・化学合成農薬の低減、化学肥料や化学合成農薬の慣行栽培比五割以上低減等の先進的取り組みの推進、③農業による環境負荷を大幅に低減し、多様な生き

ものを育む有機農業の推進、④GAP手法の導入、⑤農業技術の生物多様性への影響についての科学的評価手法、の検討の五点が提言されている。

これらの政策方向はそれぞれ従来の施策からみてかなり踏み込んだものであり、また新規に提起された課題も少なくない。政策群としての総合性もおおよそ適切と考えられる。実施、実行については、その後二〇〇八年に「生物多様性基本法」が制定され、国家戦略は法に基づくものとなった。「生物多様性国家戦略二〇一〇」では、二〇五〇年までの中長期目標と二〇年までの短期目標が設定され、工程表も付けられており、国の計画としてはかなりしっかりしたものとなっている。ぜひ本格的な推進を期待したい。

おそらくこれからの政策実施におけるむずかしさは、新規課題の実施の成否よりも、農業近代化政策のもとで進んできた従来型の農業・農村技術政策のもとで翻弄され、力を落としてきた農業・農村の現状をしっかりと見つめ直し、生物多様性保全に向けての国家戦略に則した農業・農村技術政策全体について大きな方向転換を図っていけるかどうかにあるのだろう。

そのむずかしさは、たとえば「農薬・化学肥料の適切な使用、不適切な使用」という言葉に示されている。今回の国家戦略文書においても、農村・農業における生物多様性の危機的状況を招いてしまった要因は、たとえば農薬・化学肥料に関しては農業者による「不適切な使用」によるものだったとも読める文章が散見される。たしかに、現場において「不適切な使用」もあり、それが悪い結果を招いたという現実もあるだろう。しかし、いま国の政策の大きな転換点において、「政策は正しかったが、現場での運用に間違いがあった」と言い続けるとすれば、それは無責任な言い逃れだとされても仕方あるまい。

少なくとも生物多様性保全の視点、より広く見れば環境の視点からすれば、これまでの農薬や化学肥料の大量使用状況をつくり出してきた農業近代化政策のあり方と方向性自体に大きな問題点があり、それをしっかりと見直そうというのが今回の国家戦略の基本姿勢だったはずだ。環境の視点からすれば、これまでの農薬や化学肥料の「適正使用」の考え方と施策の構造自体の厳しい見直しが必要だという認識をはずすことはできないだろう。

「第三次国家戦略」などに示された新しい視点からすれば、農薬も化学肥料も「適正な使い方」であれば結果として大量使用となったとしても、それは是認されるということではない。使用にあたっての十分な配慮を前提として、使用量や使用頻度を大幅に減らし、無使用の領域を広げていくことが、政策の基本方向とされるべきだろう。大幅な使用削減の早急な実施を基本的課題とし、やむを得ず使用する場合には十分な環境配慮のもとで使用して記録を残す、ということが基本政策とされるべきだろう。

環境保全型農業の推進政策においても、農薬や化学肥料使用の大幅削減を明確にするだけでなく、生物多様性の保全、より良い生態環境の育成、地域的な取り組みの推進、そこへの市民参加の促進といった視点を政策プログラムとして明確に導入していく必要があるだろう。また、生物多様性保全に大きな意義がある有機農業推進と環境保全型農業推進との連携、環境機能の高い有機農業を地域農業振興の中軸に据えた「地域に広がる有機農業」「有機の里づくり」の取り組みの推進などが、意識的に位置づけられていくことが必要だろう。

「第三次国家戦略」は、国の農業・農村技術政策のあり方の大きな転換を宣言した画期的な文書である。二〇一〇年一〇月に開催されたCOP10では、日本は「SATOYAMAイニシアティブ」を世界に呼びかけた。そのもとには「第三次国家戦略」とそれを補強した「生物多様性国家戦略二〇一〇」があるわけで、改めてその確実な実施を期待したい。

第8章　いのちが見えなくなる時代と有機農業の意味

1　いのちが見えない社会の危機と食農教育

次の時代を担う子どもたちの世界で、いま、いのちが、そのかけがえのなさが、見えなくなってしまっている。彼ら・彼女らの多くが、ゲームや劇画の世界と自分自身も含めた現実の生きた社会の区別がつきにくくなってしまっている。互いの傷つけ合いや殺し合いが、ゲームでの「消去」「リセット」とさして違わないこととして感じられる状況すらが広がっている。

表5は、二〇〇六年八月に北海道稚内市の高校生が友人に依頼されてその母親を殺害した事件の報道のなかで、『日本経済新聞』が掲げた類似事件の一覧だ。子どもによる親の殺人自体、きわめて異様である。同時に、この表を見ていると、その異様な事件が、ごく普通の子どもたちの事件として次々に起きている点に、状況の深刻さが感じられてくる。

表5　少年によるおもな親の殺害事件(2000年～06年)

2000年6月	岡山県邑久町(現瀬戸内市)の高3男子(17)が金属バットで野球部の後輩4人と母親をそれぞれ殴打、母親を殺害
7月	山口市で新聞配達員の少年(16)が母親を金属バットで殴打し殺害
03年11月	大阪府河内長野市で大学1年男子(18)が母を刺殺、父と弟に重傷を負わせ交際中の高1女子(16)と逃走
04年11月	水戸市で無職少年(19)が両親の頭を鉄亜鈴で殴り殺害
12月	千葉県木更津市で中3男子(15)が母親を刺殺
05年6月	東京都板橋区で高1男子(15)が両親を殺害
06年1月	盛岡市で高1男子(16)が母親を絞殺
6月	奈良県田原本町で高1男子(16)が自宅に放火、母親ら3人が焼死

(注)年齢は当時。
(出典)『日本経済新聞』2006年8月29日(夕刊)。

一連の事件には当然それぞれ独自の事情がある。それにしても、なぜ親を殺すところにまでいってしまうのか、これまでの社会常識では理解しにくいという感想に行き着く。そして、事件続発の基礎には、子どもたちにとって親を殺すことの意味や結果が心と頭と体の実感としてわかっていないという事態があるようにも思えてくる。同様のことが、子どもたちの世界で普遍化しているとさえ考えられる「いじめ」やそれに関連する「自死」の続発についても言えるのではないか。

子どもたちを興奮に巻き込む日常のリアリティは、おそらく現実社会の出来事や自然ではなく、ゲームや劇画の世界にあると理解すべき状況なのだろう。子どもたちによる親殺しということも、そういう状況のなかでいわば普通の、そしてバーチャルなこととして、起きているのではないか。とすれば、そういうゲーム的はバーチャルな世界に浸かって育ち、日々を過ごしている子どもたちを、私たちは現実の社会と自然の場に連れ戻す必要がある。そして、いのちとは、子どもたち自身がいま生きている現実の社会と自然のことなのだと、心と頭と体でわかるようにしなければならないのではないか。

子どもたちが現実の生身のいのちを実感する場や機会は当然さまざまであろうが、誰にとっても「食」がたいへん重要な場であることは明らかだろう。「食」によって自分のいのちが継続していることを実感する。「空腹」「満腹」「食欲」「美味しさ」などの感覚の獲得と回復。身体感覚としての自然の実感と回復。それを「食」に期待できるのではないか。

たしかに、子どもたちの現実としては、生活リズムの崩れと飽食の食環境のなかで、「空腹」も「満腹」も「食欲」も「美味しさ」も、素直な身体的感覚として実感しにくい状況が広がっていることも事実だろう。今日の諸事件は、全体として食育の重要性と緊急性を示唆している。併せて、食育を受けとめ得る子どもたちの状況づくりも前提として必要となっているように思われる。

こうしたことを前提として、子どもたちが「食」に向き合ったとき、子どもたちの前にある食べものとは現実にはどんなものだろうか。残念ながら、それはおそらく田畑の産物ではない。多くは、工場などで加工され、工業的に調理された食べものなのではないか。もちろん、家庭での調理も身近にあるだろうことは確かだが（その点は一人暮らしの学生や若いサラリーマンとは状況は少し異なる)、家庭で調理される素材が加工食品や半調理済み食品であることも少なくない。そこでは、子どもたちの率直な実感として、「食べもの」は工場でつくられるということにならざるを得ない。

酪農家の集まりで、酪農体験に来た子どもたちから「コーヒー牛乳を出す牛はどれですか」と質問されて驚いたという話を何回か聞いたことがある。これは、笑ってすますことのできない現実なのである。子どもたちにとって、たとえば「収穫の秋」という言葉は、国語の授業では習っても、生活の実感としては響かないのが現実だろう。

だからこそ、いま切実に求められている食育の具体像は、何よりも食農教育であってほしい。「食」の向こうに田畑があり、汗を流す農家がいて、農業があり、自然がある。いのち育む食べものは農業と自然のなかから産み出される。そのことを子どもたちに実体験として伝えていきたい。こうした意味で、いのちが見えなくなっているいま、食育、そして食農教育は、社会を救うと言っても過言ではない。

2 問われる農業の質

現代社会における農業の意味を仮にこう位置づけたとして、現実の農業は、いのち育む営みとしてあるのだろうか。現実の農業のなかに自然が見えてくるのだろうか。

残念ながら、この問いへの答えは否と言わざるを得ない。一九六一年の旧農業基本法を期に国をあげて取り組まれてきた農業近代化は、農業から自然といのちの要素を積極的に消去していく社会過程としてあった。

いま自然界では、生物種の絶滅が進行しつつある。そこでは、これまで農業と農村生活とともにあった里地里山の生き物の絶滅が深刻な事態を迎えている。農地の基盤整備の進行のなかで、農村の小川が姿を消し、メダカやドジョウなどのありふれた生き物が絶滅に瀕しているのである。子どもたちが学校で「メダカの学校」や「ふるさと」などの唱歌を教わったとしても、「小鮒を釣る小川」も「小川で泳ぐメダカ」もすでにない。いま、農村からも農業からも自然は存在の場を失い、そこでごく普通に生き続けてきた生き物たちが姿を消しつつある。

農の教えに「稲のことは稲に聴け、田のことは田に聴け」がある。明治・大正時代の農学者横井時敬の言葉とされているが、横井の独創ではなく、農業者の普通の認識を表現した教えとして、これを受けとめたい。この教えは、稲は稲として生きていく、田は田として生きていく、人は稲が稲として生きるあり方に、田が田として生きるあり方にかかわり、それを手助けしていくという意味であろう。

この教えの視点からすれば、稲の道は稲が拓き、田の道は田が拓くことになる。そして、稲が稲として生き、田が田として生きていく姿がつくられ、見えてきたとき、自分は何をしていったらよいのか、すなわち農の道筋が、農業者に見えてくる。農の道は拓くのではなく、このように開かれるのだ。あるいは、与えられるのだ。道は、拓く意志がなければ拓けない。しかし、道は拓こうとして拓けるものではない。道を探す模索のなかで、稲や田の独自に生きる姿が見えてきたとき、農業者にとっての農の道が見えてくるのではないか。道は、道が見えてきたときに開かれる。このことを宗教では神の導きと言うのだろう。

稲の道、田の道が開かれるということは、稲が、そして田が自立した存在として自己を主張し、自己の世界を形成していくということにほかならない。たとえば田に落ちたワラを小さな虫が食べ、その糞を微生物が食べ、微生物の遺体をエサとして水草が生え、雑草を抑えて稲も育つというような自らのエコロジーを形成していく。そこでは、時間的経過がとくに重要な意味をもつ。

振りかえって、現代の農学においては、こうした生態系形成的時間の概念が積極的なものとしてはほとんど位置づけられてこなかった。生態系形成的な時間は、早ければ早いほどよいのではなく、時間の経過自体を欠かすことができない事柄と位置づけるべきなのである。

農業とはかつて、このようなものであった。そこに、いのち育み自然とともにある農業の普通のあり方があった。いのち育む農業の「いのち育む」という意味は、単に農業が生物生産であるのではなく、作物や家畜、そして田畑の生き物が自立し、相互に関係を広げながら、いのちが躍動する生態系が自立的なものとして形成されていくことに、農耕という営みが積極的に、あるいは消極的に関与していく過程を指している。

だが、農業近代化以降、農業は自然からの離脱を志向し、農薬や化学肥料などの工業製品の投入によって、もっぱら経済性指標で測られる物質生産へと矮小化されていった。農業の基本的特質であった、いのち育むという要素は縮小し、たいへん見えにくくなっている。いま小学校などで取り組まれ始めている食農教育における農業のほとんどが、近代化以前の手作業時代の農業であることも、こうした状況のもとでは故あることと言わなければならない。

したがって、「いのち育み、自然とともにある農業」は、現代農業の普通の姿ではすでになく、現代農業の再生のビジョンのもとに位置づけられなければならないモティーフなのである。別言すれば、「いのちと自然が見えなくなっている」という子どもたちの危機は、同時に農業自身の危機でもあったのだ。

3　いのち育み、自然とともにある農業としての有機農業

いのち育み、自然とともにある農業は、現代農業の再生、すなわち農業が本来もつべきあり方の回復というビジョンのなかに位置づけられる課題であるとしたとき、有機農業の独自の意義が鮮明になっていく。有機農業運動の古くからの理論的リーダーである保田茂さんは、有機農業について次のように定義された。

「有機農業とは、近代農業が内在する環境・生命破壊促進的性格を止揚し、土地―作物（―家

畜）―人間の関係における物質循環と生命循環の原理に立脚しつつ、生産力を維持しようとする農業の総称である。したがって、食糧というかたちで土からもち出された有機物は再び土に還元する努力をして地力を維持し、生命との共存と相互依存のために化学肥料や農薬の投与は可能な限り抑制するという方法が重視されることになる」（保田茂『日本の有機農業』ダイヤモンド社、一九八六年）

保田さんが定義した「土地―作物（―家畜）―人間の関係における物質循環と生命循環の原理に立脚しつつ、生産力を維持しようとする農業」とは、「いのち育み、自然とともにある農業」とほぼ同義である。すなわち、土におろした種が芽生え、太陽の光をうけて育ち、花が咲き、実が稔り、実は種となって次の生を生み出していくという農業こそが、子どもたちにいのちの姿を具体的に教える力をもっている。そして、ほんとうの食べものをつくる有機農業こそ、そういう営みなのである。

有機農業は、基本的には土地や作物・家畜のもつ自然的生産力に依存し、それを安定的かつ高度に発揮させようとする農業方式である。そこでは、農耕は人為の過程というよりも、自然の生産過程への人の能動的な介在としてあろうとしてきた。したがって、有機農業技術においてとくに重視されるのは、いのちの連鎖を基本にすえた有機農業的生態系の形成、充実ということになる。

作物や家畜の生き物としての遺伝育種的特質を引き出す育種技術、作物や家畜の生きる力を引き出す栽培技術、そして土の生態的な活力と安定性を確保するための土づくり技術。有機農業を支える三つの基本的な技術領域は、全体としてこうした有機農業的生態系として結実されていく。

前節で農業における生態系形成の時間的経過の意味について述べた。有機農業における「転換期間」は、こうした文脈から理解していくことが本来ではないかと思われる。有機農業における「転換期間」とは、有機農業的生態系の形成・成熟のために欠かせない重要な時間的プロセスを意味しているのである。

このように定義される有機農業は、未来へのオルタナティブとして構想されてきた。同時に、それはかつてごく普通にあった農業のあり方への回帰、回復であり、農業を農業の本来のあり方として再建していく取り組みとしても位置づけられる。こうした意味で、有機農業は現実に展開する農の営みであると同時に、新しい時代を拓く未来志向型の営みであり、さらに同時に長い農の歩みに学ぶ営みでもあるのだ。

いのちが見えなくなる時代にいのちの姿を見える形に取り戻す取り組み、すなわち社会再生の取り組みにとって、こうした有機農業の営みは文字どおり基幹的位置を占めるにふさわしい。有機農業の現代的意味は、単なる農業という枠を越えているとも言える。さらに突き詰めれば、農業であるからこそ果たせる社会的・時代的役割だと言うべきなのだろう。いま、有機農業は自らの存在と主張を社会に堂々と示していくときだと思われる。

第9章　農業の国民的基盤を広げ、深めていくために

1　有機農業は本来の農業

第3章で、有機農業の定義に関連して次のように述べた(六六〜六八ページ)。

「有機農業は特定の規格基準に基づく特殊農法ではなく、農業の本来のあり方を取り戻そうとする総合的な取り組みだ」

「農業はもともと自然に依拠し、その恩恵を安定して得ていく、すなわち自然共生の人類史的営みとしてあった。ところが、近代農業がめざしたのは、科学技術の名による自然から離脱した人工世界への移行と、工業的技術とその製品の導入による生産力の向上である。こうした近代農業は、地域の環境を壊し、食べものの安全性を損ね、農業の持続性を危うくした。有機農業は、近代農業のそうしたあり方を強く批判し、農業と自然との関係を修復し、自然の条件

と力を農業に活かし、自然との共生関係回復の線上に生産力を展開しようとする営みである」

ここで述べたことは、有機農業は農業であり、有機農業論は農業論でなくてはならず、したがって有機農業推進は農業推進でなくてはならないという基本認識である。だから、「有機農業栄えて農業滅ぶ」といった事態などまったく想定はしていない。有機農業は農業が栄える礎として位置づけられるという認識であり、さらに踏み込んで言えば、農業が栄えていくためにはその本来のあり方を取り戻すことが不可欠であり、有機農業論はそのためにこそありたいという認識である。

だが、現実の日本農業の実態はきわめて深刻な危機の縁にあり、その振興や再建への見取り図さえ示されてはいない。二一世紀に入ってから農政論として一貫して語られてきたのは、「強い農業」への構造改革的再編論である。それは、農業を狭い産業論に閉じ込めつつ、農業と自然との離反を広げ、国民と農業の距離を遠ざけていく提起でしかなかった。

こうした状況をふまえるならば、前述したような有機農業の視点からの本格的農業論と農業再建論の構築の必要性が痛感される。筆者もそうした認識から、さまざまな論考をまとめてはきた。しかし、残念ながらまだ、本格的・体系的提案ができる段階には至っていない。そこで、本章では有機農業の視点からの農業再建論の序説という意図もこめて、農業の国民的基盤を広げるための提言をまとめたい。

2 「主業農家」が日本農業の中核となるために

主業農家こそ有機農業への転換を

第5章（九八～一〇一ページ）で述べた農家数の激減（農の縮小）に示されているのは、農政、とくに農家政策のあり方の抜本的転換の必要性である。にもかかわらず、こうした農家数の惨憺たる実態を前にしてもなお、新自由主義的な農政論者の多くは、それは「副業的農家」や「自給的農家」の滞留が足かせとなった結果だと強弁し、農業の継続に頑張る「副業的農家」や「自給的農家」のいっそう徹底した政策的排除を構造改革の名のもとに進めようと主張している。

「主業農家」の急激な減少は、この農家群が日本農業を支える中心的存在であるだけに深刻だ。政策的に奨励され支援を受けてきた「主業農家」が、なぜ、かくも無惨に減少してしまったのか。その原因と意味が率直に問われるべきだろう。そして、この農家群が元気に充実、発展していくにはこれから何が必要なのかが、農政論として真剣に問い直されるべきだろう。

これまでの農政は、「主業農家」群に対して、規模拡大と投資拡大という政策方向を示し、そのための補助事業などを推進してきた。こうした政策方向が功を奏していないという現実を厳しく重視すべきだろう。端的に言えば、この農家群の経営を困難にしているのは、規模の制約や資金の制約ではなく、価格の低迷、投資リスクの増大、農業の先行きへの見通しの暗さだと認識すべきなのである。

こうした判断から出てくる「主業農家」についての政策は、現在の社会・経済情勢のもとでは、無理な規模拡大はしない、危ない投資はしない、経営内容の充実を図る、という方向である。そして、農業の独自価値を主張し、農業のまわりに消費を組織化し、安定した経営を営める価格水準を確保するというあり方だ。その方向は実は、自給重視、内部循環重視、地域の自然との共生をめざす有機農業への転換と言えるのだ。有機農業の優位性のアピールは、まずこの農家群へ向けるべきなのだ。

「主業農家」には、しっかりとした農業基盤があり、経営的蓄積もあり、優れた技術の蓄積もあり、地域における信用、協同、組織の基盤もある。しかも、政策的・行政的支援の体制もそれなりに整っているという、相対的には恵まれた環境におかれている。ところが、そうした「主業農家」の経営がいま音を立てて崩れつつある。

その一方で、有機農業農家、なかでも新規参入の有機農業農家は意気軒昂だ。彼らはゼロからの出発で、政策的・行政的支援はほぼまったくなかった。にもかかわらず、経営的に堅実に前進し、一〇年や一五年を経れば家も新築され、子どもたちの教育もそれなりに成しとげられている事例も珍しくない。現在では、無視できない「主業農家」の一群として成長している。

主業農家のあり方

そこで、この両者を対比しつつ、「主業農家」のこれからについて考えてみたい。

農業をめぐる情勢はいうまでもなくたいへん厳しく、短期的に見れば政策支援に期待できるところはそれほど多くはない。したがって、農家は自らの経営の道を自分たち自身の手で切り開かなければならないのだ。「主業農家」にもその覚悟と夢はあるだろう。しかし、比較してみれば、より強く深い覚悟と夢が有機農業農家にあることも事実ではないか。

この覚悟と夢のあり方については、新規参入の有機農業農家と家業の長い歩みをもつ主業農家とでは、大きな違いがある。だから単純な比較をすべきではないが、主業農家には、いまあえて有機農業農家の覚悟と夢の必死さと豊かさについて考えてほしいと思う。有機農業農家には、新規参入だけでなく、慣行栽培農家からの転換参入も多い。転換にあたっての覚悟と夢もまた強く、深く、豊かであるだろうことは想像にかたくない。

営農の道を拓き、継続していくための覚悟と夢を支えていくには、なぜ農業をしていくのかについての自分たちなりの根拠、この道は良い道なのだという判断の根拠をしっかりとさせていくことが必要である。

この根拠には、先祖から受け継いだ農業を守り継続していくという気持ちもあると思われる。また、このむらに自分たちが生きてきて、これからも生きていくためにもっともふさわしい道が農業だという思いもあるだろう。これまで農業を続けてきて、農業にはたいへんなことも多いけれど、やはり自分たちは農業が好きだ、この道しかないという思いもあるだろう。さらには、食べものを作る仕事、自然とともに生きる仕事、日本の伝統文化を支える仕事への誇りと愛着もあると思われる。誰にも使われず、自分たちの意思で、家族が協力する働き方の良さもあるだろう。暮らしにおいては、食べものはじめいろいろな部分で手作りの自給ができるという素晴らしさもある。

いずれにしても、こうしたさまざまな農業に対する自分自身の根拠を固めていくことが、「主業農家」がこれからしっかり営農を続けていくための不可欠の条件になっていると思われる。この点で、有機農業農家の多くは、たいへん明確な営農への根拠をもっている。有機農業農家の強さは、第一にはここにある。この節の最初に述べたように、「主業農家」の未来は自力で拓くしかない。だからこそ、自らの農の道を自力で拓くことを当たり前としてきた有機農業農家が持ち続けてきた覚悟と夢について改めて考えてほしいと思うのだ。

もちろん、こうした精神論だけで営農継続に道が拓けるわけではない。次に、具体的な経営論について考えてみたい。

まず、規模や資金について。新規参入の有機農業農家の場合、農地はゼロ、資金はわずか、融資を受ける可能性もほとんどない、というところからの出発だった。だから当然、当初は小規模、手作りからスタートせざるを得ない。頼りになるのは自分たちの労働力だけだった。これはたいへん厳しい条件ではある。しかし、そうだからこそ、常に身の丈にあった経営がつくられてきた。有機農業農家がいつも苦労し、悩むことは、なかなか手が回らない、作業が後手後手になってしまうということだ。この点で、手際よく作業を進める「主業農家」は、多くの有機農業農家にとって素晴らしいお手本である。

素人からの出発が多い有機農業農家の農業には、至らないことはたくさんあるだろう。しかし、上手ではなくても、そこには身の丈にあった経営が確実につくられてきている。ここに有機農業農家の経営論の強さがあることを「主業農家」には改めて考えてほしい。そして、自分の経営が、たとえば規模や資金の面で無理なく身の丈にあっているのかを考えてほしい。

次に、経営組織の問題である。「主業農家」の経営は、農政指導の影響もあって、単純化・専作化の方向に進み、多品目複合経営の流れは弱い。経営内部の副産物の循環など経営部門の有機的結合は、たいへん弱くなっているように思える。資材はほとんど外部購入というのが実態だろう。

これでは、コスト高になるのは目に見えている。国の農政では低コスト化は規模拡大でと誘導しているが、多くの場合、このあり方が間違いであったことは明らかだろう。規模拡大による低コスト化はお金がかかり、しかも経営内での手作りの工夫を排除しがちとなる。結果として、規模拡大はされても低コスト経営は実現されていない。

規模拡大による大量生産は、今日の市場動向のもとでは販売面で行き詰まる場合が少なくない。今日の農業情勢のもとでは、単純化・専作化ではなく、内部循環を大切にした複合農業の方向に理があると考えるべきなのだ。そしていま、もっとも豊かな複合経営を実現してきているのが有機農業農家だということも明らかである。その経営は、少しずつだが、年を経るごとに充実してきている。

土づくりでは、どうだろうか。野菜作などで、連作障害や肥料の過剰障害で悩む「主業農家」は少なくないだろう。里山を土づくりに活かしている「主業農家」がどれだけあるだろうか。有機農業農家においても、土づくりは万全な状態とはなっていない例が少なくないようだ。それでも多くの場合、有機農業圃場はだんだん土が良くなり、土と自然の力が育てられ、病虫害が出にくく、作物が自然に健康に生長していけるような田畑がつくられていることは事実である。

農業の基本は土である。その土のあり方において、有機農業農家は確実に前進しているのだ。翻って慣行栽培の「主業農家」の土はどうなっているだろうか。有機農業農家の田畑には、確実に自然が蘇りつつある。慣行栽培の畑の場合はどうだろうか。田畑の土が農業に味方してくれているだろうか。

収穫した農産物の品質は、どうだろうか。「主業農家」の農産物品質観は、市場評価の品質観でしかないと言えないだろうか。もちろん、規格や外観だけでなく、美味しさなどへの配慮もされているとは思われる。しかし、主眼は、食べものとしての質ではなく、売るための品質になってはいないだろうか。

これに対して、有機農業農家の農産物品質観は異なる。食べものとしての価値に照準が合わせられている。たしかに、有機農業農家においても、販売のための品質確保は重要な課題であり、その点がまだうまくいっていないケースも見られる。それでも、有機農業農家の場合、食べものとしての価値と販売のための品質の選択を二者択一で迫られたとすれば、間違いなく食べものとしての価値を選ぶだろう。慣行栽培の「主業農家」の場合、この選択について厳しい葛藤をしているだろうか。

農産物の販売は、どうだろうか。慣行栽培の「主業農家」の場合、端的に言えば「売り込む」というあり方だろう。上手な売り込み方がマーケティングだという軽薄な理解が、普通となっているように思われる。そして、その現実の結果は、売り込めば売り込むほど価格が下がり、売りにくくなってはいないか。そこに、いのちを育む食べものの流通という視点はしっかりと埋め込まれているだろうか。単なる商品の販売に終わっていないだろうか。

有機農業農家の農産物販売は、それとはかなり違う。有機農業農家は、いのち育む食べものとしての農産物を求める消費者にきちんと食べてもらえるように考えて販売している。だから、そこでは顔と暮らしの見える流通が基本となる。有機農業農家の農産物販売は、売り込みではなく、いのち育む農産物の消費の組織化なのだ。自分たちの農業の志と実践を理解し、その生産物を食べたいと考える消費者をどのように発掘し、組織化していくのか。それが有機農業におけるマーケティングの基本となっている。

したがって、有機農産物の価格は、有機農業の安定した継続を前提とした水準として、生産者と消費者、そして流通担当者の合意のもとで決められていく。有機農産物が一般市場品よりも高く販売されるのは、決して付加価値によるものではない。生産が安定して継続される価格として決められているからなのだ。

最後に、仲間づくりと後継者確保の問題である。いま、新規参入の有機農業者は増加しつつある。新規参入者は自分の意思と頑張りで有機農業に取り組んでいるが、併せてほとんどの場合、既存の有機農業農家の導きと支援を得ている。有機農業は自分たちで仲間を増やし、後継者を育ててきているのだ。十分ではないが、自分たちで農学校まで開設している。

強い農業とは本来の農

筆者は二〇〇四年に、『食べものと農業はおカネだけでは測れない』(コモンズ)という本を書いた。経済優先の新自由主義的な社会風潮に食や農が巻き込まれてはダメだという差し迫った思いからである。

有機農業においても経済の論理も大切で、経済的なある程度の成功は不可欠だが、そこにはそれだけではない強い価値観、切実な思いがこめられている。そして、その営農確立への道筋は、決して特殊なものではなく、農業が長い歴史のなかで確立してきた当たり前の農の道である。現在の厳しい農業情勢のもとで、そういう農業が自力で拓かれてきていることを「主業農家」に改めて考えてほしい。

本来の農にこそ強さがある。本来の農を拓こうとする有機農業への道は誰にでも開かれている。農業の危機の時代にあって、そして改めての農業再生の時代にあって、まだ有機農業を手がけられていない「主業農家」に、我が家の農業の明日と、末永い将来のために、しっかりと考えてほしいと思う。

3　普通の農家が元気に生きて地域を拓く

農家政策についての転換の第二の柱は、「副業的農家」と「自給的農家」の役割を適切に評価し、この農家群が引き続き営農を継続し、さらに元気にやっていけるように促していくということだろう。「副業的農家」「自給的農家」が厳しい農業情勢のもとでも、ある程度安定して存在し続けてきた(両者で総農家の七割)のは、これらの農家群においては、農業を単なる所得、経済としてだけから位置づけていないからである。農産物を自分たちの食べものとして捉え、それを自給、加工、贈与といった側面からも位置づけ、農作業を楽しみのある仕事と捉え、小さな農業の継続を家の暮らしのあり方として考えてきたからだろう。

こうした「副業的農家」「自給的農家」は集落の多数を占めるごく普通の農家であり、これらの農家群の広範な存在こそが農業の国民的基盤となっていると農政論は認識すべきなのである。これらの普通の農家の営農継続理由を積極的に意味づけ、そこでの困難を除去し、その継続を支援し、励ましていくことが農政の重要課題だと率直に認識すべきなのだ。

普通の農家が元気に生きていくことは、明るい地域を拓くための基礎条件である。各地に展開している農家直売所のおもな担い手がこの農家群だということも、十分に認識しておくべきだろう。

「日本農業の危機は担い手の高齢化にある」という主張は、疑う余地のない真理と受けとめられている。だが、この判断には大きな間違いが含まれている。問題は高齢者が農業に従事することにあるのではなく、壮年層や若者層が農業に従事しない点にあるという当たり前の事実を、この認識は見落としているからだ。

これからの高齢化社会において、「副業的農家」「自給的農家」という形で高齢者が元気に農業に従事していくのはたいへん良いことである。「副業的農家」「自給的農家」という農家形態は高齢化社会によくマッチしているということを、農政においてもはっきりと認識すべきだろう。高齢者就農が今後も持続・拡大していくことを促すための政策の構築を、これからの重要な農業政策とすべきだと思われる。

しかし同時に、「副業的農家」「自給的農家」の今後にはかなり深刻な赤信号がいま出ていることにも留意しなければならない。「副業的農家」は二〇〇五年以降に大きく減少し、二〇〇〇年と〇五年には増えていた「自給的農家」も一〇年には微減となった（表６）。「副業的農家」

表６　類型別農家数の推移　単位(農家数：1000戸)

区分		販売農家計	主業農家	準主業農家	副業的農家	自給的農家
実数	1990	2970	820	954	1195	865
	1995	2651	677	694	1279	743
	2000	2336	500	599	1236	784
	2005	1949	428	440	1081	899
	2010	1632	360	389	883	897
増減率(％)	95／90	△ 10.7	△ 17.4	△ 27.2	7.0	△ 14.1
	00／95	△ 11.9	△ 26.1	△ 13.7	△ 3.3	5.5
	05／00	△ 16.6	△ 14.5	△ 26.6	△ 12.6	14.7
	10／05	△ 16.3	△ 15.9	△ 11.6	△ 18.3	△ 0.2
構成比(％)	1990	100.0	27.6	32.1	40.3	—
	1995	100.0	25.6	26.2	48.2	—
	2000	100.0	21.4	25.7	52.9	—
	2005	100.0	22.0	22.6	55.5	—
	2010	100.0	22.1	23.8	54.1	—

(出典)農業センサス。

「自給的農家」は大きな世代交代期にあり、これらの農家群の次の担い手たちが農業継承の方向に向かっているとは言えない状況が広がり始めているのだ。七〇歳代、八〇歳代の農業者の年齢的にやむを得ないリタイアが始まっているが、その次の世代すなわち四〇歳代、五〇歳代の方々が農業を継承しないケースが増えているようなのだ。

こうした局面において、家族の協力による農業の継続、農業廃業を避ける選択をしていくことの有利性と可能性について声を大にして語っていくことが、いま特別に大切になっている。それぞれの家の暮らしにとって、農家であり続けることはさまざまな利点があり、中古農機具の共同利用、農繁期の助け合いなどを工夫すれば無理の少ない農業継続は多くの場合、十分に可能だと思われる。

ところが、現実の農家の意識面では、農業継承への機運は必ずしも高まってはいない。ここに農家であり続けることは良いことであり、さまざまな助成制度もあることを示す政策的な、さらには世論的な支援がほしい。この点も重要な農政課題と位置づけるべきだろう。

4　国民みんなが耕すことに参加する

農業の国民的基盤を広げ、深めるためのもう一つの重要な課題は、「国民みんなが耕すことに参加する」ことである。

表7は、二〇〇五年の国勢調査から、年齢階層別に就業者数と就農者数を示したものである。この表が端的に表しているのは、高齢者層における就農者率の高さと、壮年層と若者層における就農者率の極端な低さだ。第4章5でも述べたが、重要なことなので改めて論じておきたい。

まず、全産業の就業者率は、六〇歳未満層までは七割以上の高率になっているが、六〇歳以上層では年齢が高まるにつれて急激に下がっている。定年退職という社会制度の結果であろう。しかし、最近の高齢者層の健康状態を考慮すれば、この就業者率の低下は望ましいことで

表７　農業就業者人口等の年齢構成（人口単位：1000 人）

年齢階層	総人口（A）	就業者人口（B）	就業者率（B/A）	就農者人口（C）	就農者率（C/B）
15～19 歳	6,568	,959	14.6％	7	0.7％
20～29	15,637	10,532	67.3	87	0.8
30～39	14,490	13,411	92.5	138	1.0
40～49	15,806	12,510	79.1	249	2.0
50～59	19,051	14,215	74.6	498	3.5
60～69	15,977	7,093	44.3	776	10.9
70～79	11,900	2,369	19.9	792	33.4
80 歳以上	6,339	,417	6.7	155	37.3
65 歳以上（再掲）	25,672	5,415	21.1	1,391	25.7
総計	109,764	61,506	56.0	2,703	4.4

（出典）2005 年国勢調査。

はない。これは、高齢失業者の増大という社会問題の広がりを示す数値として捉えなければならない。

一方、高齢就業者に占める就農者率は、年齢が高まるにつれて急激に高まっていく。六〇歳代の就業者率は四四％で、そのうち就農者率は一一％である。ところが、七〇歳代では就業者率は二〇％で就農者率は三三％、八〇歳代では就業者率は七％だが、就農者率は三七％という高率になっている。高齢者にとって農業就業の意義がいかに大きく、大切かが、鮮明に示されている数値だと言える。

非農業の高齢者にとって、農業への参加はたいへん魅力的であり、耕作放棄地を多くかかえている農業側には、高齢者の耕作を受け入れていく条件はある。それは、方向性としては高齢者楽農政策とでも呼ぶべきもので、楽農参加者が組織化されれば、「高齢者楽農クラブ」とでも言うべきコミュニティが各地に生まれていくと思われる。

高齢者層のこうした動向ときわめて対比的なのは、六〇歳未満層の動向である。この年齢層は働き盛りの世代だから、就業者率は当然高い。一方、就業者に占める就農者率はきわめて低い。六〇歳未満層全体では一・九％、五〇歳未満では一・三％、四〇歳未満では〇・九％である。

国勢調査の取り決めでは、「就農者」とは「就業者のうち主に農業に従事した人」となっているから、ここには「副業的農家」「自給的農家」などの兼業従事者は含まれていない。したがって、実際には五〇歳代では農業参加者数はもう少し多いと推定されるものの、それにしても異様な低さである。

四〇歳未満層についてみれば、兼業農家としての農業参加の実態もごくわずかであろう。また、現在の農地制度のもとでは、非農家の農業参加は簡単ではない。こうした事情を考慮すれば、農業参加者は就農者率の一％にほぼ限定され、残りの九九％は農業とのかかわりはほとんどないと考えざるを得ない。

農耕文化の流れが基盤とされてきた日本では、長い歴史のなかで、耕すことは人が生きることの基本とされ、農家・非農家を問わず、当たり前のたしなみとされてきた。古代に農耕から離れて支配階級となった天皇家やその周辺の貴族たちも、そしてその後の時代の農民起源の武士たちも、文化としての農耕からは離れられず、農耕をないがしろにすれば結局は支配者としての地位を追われた。そのためもあってか、これらの人びとの家内伝承として農耕祭事は堅持されてきている。

そうした日本にあって、農耕が人びとの暮らしの場からほぼ完全に消滅していったのは、戦後の高度経済成長期以降だった。かつての日本では、庶民の多数は常に耕す人びとだったが、この時期以降、耕す人びとの比率は極端に減少し、現在では表7のようになっているのだ。

農耕の主目的は食べものの生産にあり、分業社会においては、それはおもに経済行為として、さらには産業として営まれてきた。だが、農耕は言うまでもなく単なる経済活動ではなく、多面的意味がある。そうした農耕を単なる経済行為、産業活動に純化させることを宣言したのが一九六一年の農業基本法だった。それ以降、農耕のもつ経済や産業以外の意義が疎んじられ、農耕は農業に収入源を求める農業者だけの営みとされるようになっていく。その結果、近代化へと邁進する都市市民の生活から農耕も自然もほぼ消滅させられてしまったのが、今日の姿だと言えるだろう。

六〇歳未満層の就農者率の低さは、これまでは主として農業経済的不利性から、残念だがやむを得ないこととして説明されてきた。しかし、この説明はやはりまずかったと思い返される。現在の就農者率の低さは、単なる経済的現象として捉えるべきではない。文化のあり方、社会構成の基本的なあり方の視点から、その異様さを厳しく見直すことが必要だったのではないだろうか。

農業はいのち育む食べものを生産する人類社会の基盤的営みであり、それは結果として人びとの健康を守り、地域の環境を守り、自然共生の文化を育む営みでもある。また、子どもたちの教育においても、常に重視され、活かされていくべき営みである。こうした意義のある農をないがしろにしていく社会のあり方は、根本的に見直されるべきなのだ。

他方で、国民の農業意識や農業への参加動向には重要な変化も見られるようになっている。各地に開設されている市民農園への参加者は増えており、大都市圏では順番待ちとなっているケースも少なくない。耕作放棄地での市民耕作も相当な広がりとなりつつある。田舎暮らしの機運も高まるばかりである。郷里に戻って田畑を耕すことが定年退職後の望ましいあり方だという思いは、ごく普通になった。マスコミにおいても、空前の農業ブームが到来している。そこでは、有機農業が望ましい農業のあり方だという認識もほぼ確立してきた。

こうした新しい動きのなかから、「耕す市民」が社会的に認知され、それが市民の望ましい普通のあり方と認識され、国民の多くが農業に馴染み、耕すことを自分たちの課題として受けとめていく機運が本格的に高まっていくことを期待したい。

終章　新しい農本の世界へ——大地震・大津波・原発事故の体験をふまえて

1　東日本大震災の体験から

二〇一一年三月一一日に私たちを襲った東日本大震災は、私たちに日本社会の基本的あり方の見直しを厳しく迫っている。地震から一週間後、原発事故が深刻に進行する最中に、この災害の意味について、あるシンポジウムへのメッセージとして次のように書いた。

「東北・関東大地震は、地震それ自体のものすごさも震えるほどのものでしたが、津波のすさまじさはそれをはるかにこえていました。三陸では、津波の高さは一五メートルにも及んだとのことです。津波のすごさは、被害の現場にはいなかった私たちもテレビで何度も見せつけられました。津波が去ったあと多くの命を飲み込んでしまった瓦礫の原は、東京大空襲の跡を思わせるものでした。これはほんとうに思いもかけない悲惨な天災でした。しかし、私たちは犠牲者の方々のご冥福と被災者のみなさんのご無事を祈りつつ、これを天災と受けとめるだけでなく、ここに示された自然の力の大きさを、偉大な自然への畏怖としてしっかりと受けとめなければならないとも思うのです。

そして、それときちんと対比させて、私たちは原発事故の深刻さ、罪深さもしっかりと受けとめるべきでしょう。原発の考え方は、地震や津波にも示された自然のものすごい威力を、それに畏怖の気持ちをもつこともなく、『科学技術』の力で封じ込め、便利に使ってしまおうという、人間の浅はかな傲慢さです。事故対策で見せつけられた東京電力などの無責任で醜悪な姿を、グローバリズムと現代資本主義社会の本質として、私たちは覚えておかなければならないと思います」

また、ほぼ一カ月後に、農業教育に関する連載原稿では次のように書いた。

「『東日本大震災』と命名されたように、今回の大震災は青森から千葉まで東日本の太平洋側を襲った広域震災です。被災地のほとんどは、農業と漁業、そして農産物や水産物を加工する食品加工の土地でした。これまで私たちの食べものの生産を担ってきた農漁村が大きな被害を受けたのです。

健康な食生活のモデルとして「日本型食生活」(和食)が国際的にも高く評価されていますが、そのベースにはお米と魚介類がありました。今回の被災地は、美味しいお米の産地であり、美味しい魚が獲れる港町でした。私たちの食生活の大切な生産拠点が壊滅的被害を受けて、いまも呻き続けているのです。

美味しいお米や魚介類の恩恵を受けてきた都市の消費者は、大震災にみまわれたいま、これまでの産地からのご恩をしっかりと思い起こしながら、被災地支援の取り組みを広げることが求められているように思います。震災被害のダメージは少なくとも数年に及ぶでしょう。被災地の田舎を守ろう、被災地のお米や魚介類を美味しく食べ続けようという取り組みを幅広く展開していきたいですね」

「いま、農産物への放射能汚染に関しては、主として出荷制限、作付制限が問題とされています。そこでの視点は、食べものの安全性の確保、すなわち消費者利益の確保です。お米についても、同様の視点から作付け見合わせが求められている地域もあります。

こうした消費者利益の視点も、それとして重要ではあります。しかし、現実に深刻な放射能汚染が進行し、それによる高レベルの被曝に苦悩しているのは、都市の消費者ではありません。原発周辺の汚染地域で生活している人びとであり、田畑を耕している農業者たちです。

原発事故の当初は、その時々の放射能測定値が汚染被害の指標とされてきましたが、その後には『積算線量』という概念も注目されるようになりました。そこでは時々の放射能線量だけでなく、その地で暮らし続けることによる累積した被曝が問題とされており、そこには地元被害者の視点があります。原発に近い地域では、原発から遠く離れた都市の消費者よりも高レベルの被曝を継続的に被っているのです。そして、それでもなお生計をたてるために、田畑を耕して農産物を都市の消費者に提供し続けようとしているのです。

こう考えていくと、私たちには安全性確保の視点だけでない、なお、その土地で生きていくという社会的倫理の視点が必要となっていることに気づきます。福島原発は東京電力の施設であり、その電力は、原発のある福島ではなく、首都圏に供給されてきたのです。今回の事故の一義的責任はもちろん東京電力とそれを認めてきた政府にありますが、首都圏の消費者たちは福島原発の受益者であったことも事実です。この側面からみれば、首都圏の消費者は原因者に近い位置にいるとも言えます。

首都圏の消費者は、原発被災地の農業者や漁業者とどのように向き合うべきか、被災地の農産物を食べ支える責任について、真剣に考えるべきではないかと思うのです。そして、それぞれの地域で食の自給の体制をつくっていくことを、いま改めて真剣に考えるべきだとも思うのです。いかがでしょうか」

2　東日本大震災からの教訓

東日本大震災の体験をいま私たちは深く受けとめ、その教訓をこれからの社会のあり方の基本として位置づけていくことが求められている。私たちは社会と暮らし方の根本的変更を求められているのだ。教訓は多岐にわたるが、その中心は次の三点であろう。

①自然の偉大な力への畏怖と自然への祈りの心を忘れてしまっていたこと。
②自然の恵みに感謝し、自然に順応して生きていく態度を忘れてしまっていたこと。
③自然の力を科学技術の力で封じ込め、便利に使おうという人間の浅はかな傲慢さへの反省。
振り返れば、農の営みのなかに根づいてきた風土性は、自然の恵みを感謝していただくだけでなく、自然への畏怖心や自然の摂理に順応していく慎みの態度のなかから形づくられてきたものである。地域の自然は、地域の神、すなわち産土《うぶすな》の神と畏敬をもって認識され、だから伝統的な農の営みはいつも神への祈りの行事とともに進められてきた。

率直に言って、有機農業においてもこうしたことが十分に認識されてきたとはいえない。もう一度、自然の恵みをいただくという気持ちだけでなく、自然への畏怖心を取り戻し、それに順応する慎みある態度を確立し、科学技術の浅はかな傲慢さを反省していくこと、改めて我が身を正していくことが、必要だと痛感される。

自然からの離反の方向に向かってきた一般農業においては、より根本的な見直しが迫られているように思われる。大津波で海岸線の漁業と農業は深刻な被害に見舞われた。だが、農地の被害状況を詳しく検討すれば、近代的な干拓地域や、パイプライン施工などの近代的な水利施設地域において被害がより深刻であった事実は、重く受けとめるべきだろう。また、化学肥料、農薬、配合飼料などの外部調達資材に依存した農業の脆弱さも、今回の大震災からの苦く深刻な教訓だった。

今回の大震災は広域の災害である。それだけに、ライフラインの切断による二次的被害も深刻だった。復興対策の第一の課題は被害者救済にあったが、それに続く大課題がライフラインの修復にあったことは記憶に新しい。ただし、この事態は事実として認めるだけではすまされないことだとも思われる。元来、農漁村地域における暮らしは、広域のライフラインにかくも組み込まれてはいなかった。農漁村の暮らしは、地域の自然に支えられた自給的かつ自立的なものであったはずだ。

とすれば、震災復興のより本質的な方向は、単なる災害からの復興だけではなく、地域における自立的で自給的な暮らし方の本格的再構築にあると考えるべきではないのか。

3　二つの復興論

大震災後二カ月ほどを経て、社会的論議の一つの焦点は災害復興論に移行しようとしている。原発事故はまだ生々しく進行しており、単純な上滑りな復興論には歯止めがかけられてはいるが……。

マスコミで報じられる災害復興論の基調は、自然の猛威を防ごうとする人工的防災復興論だ。それにはお金がかかるので、経済成長を強く求める声も上がり、そうしたなかでＴＰＰ（環太平洋経済連携協定）への参加促進と農業構造改革の推進（強い農業の構築）という珍論まで大新聞で報じられるようになっている。

しかし、大震災の意味を深く受けとめるとすれば、震災復興論の基調は、自然順応的な風土性回復の防災論であるべきではないか。漁村は漁村らしく、沿岸農村は沿岸農村らしく、自然とともにある暮らし方の再建が図られるべきではないか。こうした復興論は、現地の人びと自身の取り組みと対話のなかからしか出てこない。

岩手県三陸地方の被災地で、役場職員として被災者支援に取り組んでいる教え子からのメールに「メディアの復興ムードに嫌気がさした時期もありましたが、海の人の気持ちにできるだけ寄り添い、そしてこれからも海への思いや暮らしを教えていただきたいと強く思っています」との一節があった。いま大切なのは、こうした心だろう。海から逃げるのではなく、海の恵みに支えられて、これからも海とともに生きていこうとする人びとの心を、現地の実情に則して、どのように掘り起こし、組織していくのかが問われている。

4　新しい農本の社会へ

大震災体験から引き出されるこのような教訓は、これからの社会は新しい農本的社会へと向かうべきことを私たちに教えている。

農本的社会構成ということについて、二〇〇〇年に日本農業の技術的あり方を論じた論文

(「世紀的転形期における農法の解体・独占・再生」『農業経済研究』第七二巻第二号)で、次のように述べたことがあった。

「第一は、農業・農村は自然と社会の接点にあって、循環の促進を生産力・生活力として活用するという点で、工業や都市とは基本的に異なった特質をもっており、したがって循環型社会の本格的な形成は農業・農村を基幹とする以外には構想し得ないだろうという見通しである。(中略)

　循環論を軸とした全体社会再構成への構図は、本質的にみれば、都市・工業の周辺に循環装置として農業・農村が配置されるという常識的理解を超えて、循環論を基礎基盤とする農村・農業の周辺に自らの内には循環論を内包しきれない都市・工業が配置されるという図式として、すなわち新しい農本的構成として構想されなければならないということになろう(もちろん都市と工業の存在自体を否定する排他的構想であってはならないが)。農業・農村側からの新時代への戦略構想はこうした構図の上に構築されるべきではなかろうか。そのためにも農業・農村自身の自己革新と社会的求心力の形成がいま強く求められている」

　その後、二〇〇九年の晩秋、鳩山由紀夫新首相の「新しい公共の形成」という方向を提起した施政方針演説をふまえて、日本社会のこれからのあり方をめぐって「『農』と『田舎』の再生が新しい時代を拓く——自然と共にある農を大切にしてきた有機農業からの提案」と題する政策提言を、興農ファームの本田廣一さんとコモンズの大江正章さんと共同執筆した。そこでは次のように書いた。やや長いが、紹介しておきたい。

「農」から始まる大転換

私たちはいま、「農」が変われば「国」が変わる、「地域」が変わる、「暮らし」が変わる、と呼びかけたいと思います。

その大前提は、農業・漁業・林業を大切にし、農村の価値を評価することです。そして、健全な食といのち育む農を取り戻し、土とつながる自給的な暮らしを再建していきましょう。同時に、働き方を転換して、農業・漁業・林業を基盤とした地域の持続可能な産業の連鎖を生み出していきます。それによって、子どもからお年寄りまで、あらゆる世代が元気に生きる社会を創造することを、二一世紀の大きな課題としていくべきでしょう。

まず「農」と「田舎」への応援から

ところが、現実には、高度経済成長以降の「農」と「田舎」と「自然」をないがしろにする時代のなかで、「農」も「田舎」も著しく力を落としてしまっています。しかも、「農」も「田舎」も、自分たちの価値をしっかりと主張するのではなく、大都市と工業に追随し、その営みは「自然」と離反してきてしまったというのが現実です。ですから、いま改めて、「自然」と共にある「農」と「田舎」の再生が求められています。有機農業運動は在野にあって、そのことを一貫して提起してきました。

「自然」と共にある「農」と「田舎」を各地で再生するためには、まず「農」と「田舎」への社会からの評価と応援が必要です。

政権交代が行われ、新しい社会づくりが進もうとしているいま、私たちは改めて次の四点を提案したいと思います。

農が変われば国が変わる――自給を高め、環境を守り育てる日本農業の再構築を

伝統を継ぐ人が激減し、農業は担い手が得られないままに衰退へと向かっています。そうしたなかで食料自給率は四一％にまで低下し、国家の自立が危ぶまれる現状です。いま、農業の価値を再認識し、食べものの自給を高め、農業の力で環境を豊かに育てていくことが、日本社会のあり方を転換し、明るい未来を拓いていく道だと思います。キーワードは「農の変革」です。

田舎の活力が甦れば自然と文化は守られる――「田舎」の価値をみんなで評価しよう

日本の「田舎」は崩壊の縁に立っています。日本には素晴らしい「田舎」があり、自然を育て、文化を育て、人を育て、安定した社会の基礎をつくってきました。「田舎」こそ人びとの母なるふるさとです。しかし、いま「田舎」には人が住まなくなり、経済が衰退し、地域の荒廃が進んでいます。地球環境危機が叫ばれるなかで、日本社会の豊かな未来は、大都会の繁栄からではなく、「田舎」の価値の再認識から始まることは明らかでしょう。キーワードは「「田舎」の復権」です。

食の再建で健康を守り幸せな暮らしへ——食と農と地域をつなぐ人びとの輪を広げよう

国民の多くが生活習慣病と隣り合わせで暮らしています。その原因が日本の農とつながらない食の一般化であることは明らかです。農とつながる食、日本の風土に根ざした食の再建が、健康を守り、幸せな暮らしをつくる基本だと思います。食と農を地域でつないでいくのは、まずは人と人のつながりです。人と人のつながりのなかから、地域の新しい生活文化が育ち、それを基礎として循環的な経済が再建されていきます。キーワードは「食農同源」です。

地元の資源を活かす産業を産み出し、地域に雇用と循環型経済を創っていこう

弱肉強食のグローバル経済に私たちの暮らしが巻き込まれるなかで、地域の資源は見捨てられ、地域の経済は衰退し、各地でシャッター通りだけが目立っています。地域の資源と地域の第一次産業と結びついた伝統的な地域産業が衰えてしまったのです。人びとの生活と、地域資源を活かした地域産業の活力とがつながっていません。地域の暮らしと資源利用と第一次産業の活性化と結びつくような地域経済の仕組みの再建が、早急に求められています。それが地域に雇用を創出していく道でしょう。キーワードは地域の暮らしとつながる「地域産業の再建」です。

（全国有機農業推進協議会「政策提言」第1章　二〇一〇年二月）

いま、大震災の厳しい体験をふまえて、有機農業政策論が展望する地平は、有機農業推進法を基点とする有機農業推進論にとどまるのではなく、日本農業と日本社会のあり方について、新しい農本的世界への提言へと広がってきている。

第2章で述べた有機農業政策論の三つの領域、すなわち「食べもの論的領域」「産業論的領域」「社会論的領域」の諸施策(五一ページ参照)は、新しい農本的世界へと統合的に推進されることが求められていくだろう。また、「地域に広がる有機農業」の取り組みにおいては、新しい農本的地域社会形成の方向への深化が期待されていくと思われる。さらに、「低投入・内部循環・自然共生」をめざす有機農業の技術論は、自然風土とそこで生きる人びとの営みに寄り添い、土のもつ本源的意義を重視するなど、新しい農本的技術論へと拡大深化されていくと思われる。

本書の最後に述べることができたのは、農本的世界への端緒的な問題提起でしかない。ここで提起したような新しい農本的世界像をこれからどのようなものとして、どのような態度で構想していくのか。過去の農本主義の蓄積とどのように向き合っていくのか。これら諸課題については、まだ具体的な検討の段階にも至っていない。本書を結ぶにあたって、これらのことを、これまでともに歩んできた同志たちとの協働の模索課題として意識し、今後につないでいきたいと考えている。

〈資料1〉有機農業の推進に関する法律（二〇〇六年一二月一五日制定）

（目的）

第一条　この法律は、有機農業の推進に関し、基本理念を定め、並びに国及び地方公共団体の責務を明らかにするとともに、有機農業の推進に関する施策の基本となる事項を定めることにより、有機農業の推進に関する施策を総合的に講じ、もって有機農業の発展を図ることを目的とする。

（定義）

第二条　この法律において「有機農業」とは、化学的に合成された肥料及び農薬を使用しないこと並びに遺伝子組換え技術を利用しないことを基本として、農業生産に由来する環境への負荷をできる限り低減した農業生産の方法を用いて行われる農業をいう。

（基本理念）

第三条　有機農業の推進は、農業の持続的な発展及び環境と調和のとれた農業生産の確保が重要であり、有機農業が農業の自然循環機能（農業生産活動が自然界における生物を介在する物質の循環に依存し、かつ、これを促進する機能をいう。）を大きく増進し、かつ、農業生産に由来する環境への負荷を低減するものであることにかんがみ、農業者が容易にこれに従事することができるようにすることを旨として、行われなければならない。

2　有機農業の推進は、消費者の食料に対する需要が高度化し、かつ、多様化する中で、消費者の安全かつ良質な農産物に対する需要が増大していることを踏まえ、有機農業がこのような需要に対応した農産物の供給に資するものであることにかんがみ、農業者その他の関係者が積極的に有機農業により生産される農産物の生産、流通又は販売に取り組むことができるようにするとともに、消費者が容易に有機農業により生産される農産物を入手できるようにすることを旨として、行われなければならない。

3　有機農業の推進は、消費者の有機農業及び有機農業により生産される農産物に対する理解の増進が重要であることにかんがみ、有機農業を行う農業者（以下「有機農業者」という。）その他の関係者と消費者との連携の促進を図りながら行われなければならない。

4　有機農業の推進は、農業者その他の関係者の自主性を尊重しつつ、行われなければならない。

（国及び地方公共団体の責務）

第四条　国及び地方公共団体は、前条に定める基本理念にのっとり、有機農業の推進に関する施策を総合的に策定し、及び実施する責務を有する。

2　国及び地方公共団体は、農業者その他の関係者及び消費者の協力を得つつ有機農業を推進するものとする。

（法制上の措置等）

第五条　政府は、有機農業の推進に関する施策を実施するため必要な法制上又は財政上の措置その他の措置を講じなければならない。

（基本方針）

第六条　農林水産大臣は、有機農業の推進に関する基本的な方針（以下「基本方針」という。）を定めるものとする。

2 基本方針においては、次の事項を定めるものとする。

一 有機農業の推進に関する基本的な事項

二 有機農業の推進及び普及の目標に関する事項

三 有機農業の推進に関する施策に関する事項

四 その他有機農業の推進に関し必要な事項

3 農林水産大臣は、基本方針を定め、又はこれを変更しようとするときは、関係行政機関の長に協議するとともに、食料・農業・農村政策審議会の意見を聴かなければならない。

4 農林水産大臣は、基本方針を定め、又はこれを変更したときは、遅滞なく、これを公表しなければならない。

(推進計画)

第七条 都道府県は、基本方針に即し、有機農業の推進に関する施策についての計画(次項において「推進計画」という。)を定めるよう努めなければならない。

2 都道府県は、推進計画を定め、又はこれを変更したときは、遅滞なく、これを公表しなければならない。

(有機農業者等の支援)

第八条 国及び地方公共団体は、有機農業者及び有機農業を行おうとする者の支援のために必要な施策を講ずるものとする。

(技術開発等の促進)

第九条 国及び地方公共団体は、有機農業に関する技術の研究開発及びその成果の普及を促進するため、研究施設の整備、研究開発の成果に関する普及指導及び情報の提供その他の必要な施策を講ずるものとする。

（消費者の理解と関心の増進）

第十条　国及び地方公共団体は、有機農業に関する知識の普及及び啓発のための広報活動その他の消費者の有機農業に対する理解と関心を深めるために必要な施策を講ずるものとする。

（有機農業者と消費者の相互理解の増進）

第十一条　国及び地方公共団体は、有機農業者と消費者の相互理解の増進のため、有機農業者と消費者との交流の促進その他の必要な施策を講ずるものとする。

（調査の実施）

第十二条　国及び地方公共団体は、有機農業の推進に関し必要な調査を実施するものとする。

（国及び地方公共団体以外の者が行う有機農業の推進のための活動の支援）

第十三条　国及び地方公共団体は、国及び地方公共団体以外の者が行う有機農業の推進のための活動の支援のために必要な施策を講ずるものとする。

（国の地方公共団体に対する援助）

第十四条　国は、地方公共団体が行う有機農業の推進に関する施策に関し、必要な指導、助言その他の援助をすることができる。

（有機農業者等の意見の反映）

第十五条　国及び地方公共団体は、有機農業の推進に関する施策の策定に当たっては、有機農業者その他の関係者及び消費者に対する当該施策について意見を述べる機会の付与その他当該施策にこれらの者の意見を反映させるために必要な措置を講ずるものとする。

〈資料2〉有機農業の推進に関する基本的な方針（二〇〇七年四月二七日農林水産大臣策定）

はじめに

有機農業は、農業の自然循環機能を増進し、農業生産活動に由来する環境への負荷を大幅に低減するものであり、生物多様性の保全に資するものである。また、消費者の食料に対する需要が高度化し、かつ、多様化する中で、安全かつ良質な農産物に対する消費者の需要に対応した農産物の供給に資するものである。

食料・農業・農村基本計画（平成一七年三月二五日閣議決定）においても、我が国農業生産全体の在り方を環境保全を重視したものに転換することとしており、こうした特徴を有する有機農業についても、その推進を図ることとする。

このため、農業者が有機農業に容易に取り組め、また、消費者が有機農業により生産される農産物を容易に入手できるよう、生産、流通、販売及び消費の各側面において有機農業の推進のための取組が求められている。

有機農業は、自然が本来有する生態系等の機能を活用して作物の健全な生育環境の形成や病害虫の発生の抑制を実現するものであるが、その一方、現状では、化学的に合成された肥料（以下「化学肥料」という。）及び農薬を使用する通常の農業に比べて、病害虫等による品質・収量の低下が起こりやすいなどの課題を抱えており、未だ取組は少ない。

一方、消費者や実需者の多くは、有機農業により生産される農産物を、「安全・安心」、「健康によい」とのイメージによって選択しており、農業の自然循環機能を増進し、農業生産に由来する環境への負荷を大幅に低減するものであり、生物多様性の保全に資する有機農業についての消費者や実需者の理解は未だ十分とはいえない状況にある。

こうした状況を踏まえ、有機農業について、その推進に関する基本理念を明らかにするとともに、国及び地方公共団体が、農業者その他の関係者及び消費者の協力を得て生産、流通、販売及び消費の各側面から有機農業の推進に関する施策を総合的に講じることにより、我が国における有機農業の確立とその発展を目指すため、平成一八年一二月、有機農業の推進に関する法律（平成一八年法律第一一二号。以下「有機農業推進法」という。）が施行された。

この有機農業の推進に関する基本的な方針（以下「基本方針」という。）は、有機農業推進法第六条第一項の規定に基づいて策定するものであり、有機農業の推進に関する施策を総合的かつ計画的に講じるために必要な基本的な事項を定めたものであるとともに、都道府県における有機農業の推進に関する施策についての計画の基本となるものである。

今後は、基本方針に基づき、国及び地方公共団体は、透明性、公平性の確保に留意しつつ、農業者その他の関係者及び消費者の協力を得て有機農業の推進に取り組むものとする。

なお、基本方針は、平成一九年度からおおむね五年間を対象として定めるものとする。

第一　有機農業の推進に関する基本的な事項

1　農業者が有機農業に容易に従事することができるようにするための取組の推進

化学肥料及び農薬を使用しないこと並びに遺伝子組換え技術を利用しないことを基本とする有機農業は、現状では、病害虫の発生等に加え、多くの場合、労働時間や生産コストの大幅な増加を伴う。

こうした有機農業の抱える課題を克服し、農業者が容易に有機農業に従事できるようにすることが重要であることから、有機農業に関する技術体系を確立・普及するための取組を強化するとともに、有機農業の取組を対象とする各種支援施策を充実し、その積極的な活用を図ることが必要である。

2　農業者その他の関係者が有機農業により生産される農産物の生産、流通又は販売に積極的に取り組むことができるようにするための取組の推進

有機農業への取組は未だ少ないものの、有機農業により生産される農産物に対する潜在的な需要はあると考えられることから、農業者が有機農業による経営を安定して展開できるよう需要を的確に捉えた販路の開拓に取り組むことが重要である。

このため、有機農業の取組を対象とする各種支援施策を充実し、その積極的な活用を図ることにより有機農業による農産物の生産を更に増加させていくとともに、有機農業に取り組む農業者(以下「有機農業者」という。)や農業団体等と、農産物の流通業者、販売業者又は実需者とが連携・協力し、有機農業により生産される農産物の流通、販売又は利用の拡大に取り組むことが必要である。

3　消費者が容易に有機農業で生産される農産物を入手できるようにするための取組の推進

消費者の安全かつ良質な農産物に対する需要が増大している中、有機農業により生産される農産物の

生産・流通量を拡大し、当該農産物を消費者が容易に入手できるようにすることが重要である。

このため、有機農業により生産される農産物の生産の拡大に努めるとともに、有機農業者、流通業者、販売業者、実需者及び消費者の間で、その生産、流通、販売及び消費に関する情報が受発信されることが必要である。

さらに、農林物資の規格化及び品質表示の適正化に関する法律（昭和二五年法律第一七五号。以下「JAS法」という）に基づく有機農産物等についての適正な表示を推進することにより、消費者の有機農産物等に対する信頼を確保することが重要である。

4　有機農業者その他の関係者と消費者との連携の促進

有機農業の推進に当たっては、消費者の有機農業に対する理解の増進が重要であることから、食育、地産地消、農業体験学習、都市農村交流等の取組を通じて、消費者と有機農業者その他の関係者との交流・連携の促進を図ることが必要である。

5　農業者その他の関係者の自主性の尊重

有機農業の推進に当たっては、我が国における有機農業が、これまで、専ら、有機農業を志向する一部の農業者その他の関係者の自主的な活動によって支えられてきたことを考慮し、これらの者及び今後有機農業を行おうとする者の意見が十分に反映されるようにすることが重要である。

また、有機農業に関する技術体系が十分に確立されておらず、有機農業による農産物の生産も未だ少ない現状において、有機農業の推進に当たっては、地域の実情、農業者その他の関係者の意向への配慮がないままに、農業者その他の関係者に対し、有機農業による農産物の生産、流通又は販売を画一的に進めることのないよう留意する必要がある。

第二　有機農業の推進及び普及の目標に関する事項

1　目標の設定の考え方

農業者が容易に有機農業に従事できるようにすること、農業者その他の関係者が有機農業による農産物の生産、流通又は販売に積極的に取り組めるようにすることなど、有機農業推進法に定める基本理念に即し、有機農業の推進及び普及に当たっての国、地方公共団体、農業者その他の関係者及び消費者の共通の目標を掲げることとする。

特に、現状では、有機農業に関する技術体系の確立とともに、国及び地方公共団体における有機農業の推進に向けた体制の整備等が重要な課題であることを考慮し、こうした農業者が有機農業に積極的に取り組めるようにするための条件整備に重点を置いて目標を設定するものとする。

2　有機農業の推進及び普及の目標

(1)有機農業に関する技術の開発・体系化

有機農業に農業者が容易に従事できるようにするためには、現状では、病害虫等による品質や収量の低下が起こりやすいなどの課題を有する有機農業について、こうした課題を克服した技術を確立することが重要である。

このため、おおむね平成二三年度までに、試験研究独立行政法人、都道府県、大学、有機農業者、民間団体等で開発され、実践されている様々な技術を適切に組み合わせること等により、安定的に品質・収量を確保できる有機農業の技術体系の確立を目指す。

（2）有機農業に関する普及指導の強化

農業者等が有機農業に取り組めるようにするためには、地域で有機農業に関する技術及び知識の指導を受けることができる環境を整えていくことが重要である。

このため、おおむね平成二三年度までに、国や都道府県の研修を活用するとともに、先進的な有機農業者との連携を強化しつつ、意欲的な農業者への支援を行うことができるよう都道府県の普及指導センターや試験研究機関等に普及指導員を配置するなど、普及指導員による有機農業の指導体制を整備した都道府県の割合を一〇〇％とすることを目指す。

（3）有機農業に対する消費者の理解の増進

有機農業については、消費者の理解と協力を得ながら推進することが重要であるが、有機農業に対する消費者の理解は未だ十分でない。

このため、有機農業に対する消費者の理解の増進を目標とする。具体的には、モニター調査等を通じて把握する、有機農業が化学肥料及び農薬を使用しないこと等を基本とする環境と調和の取れた農業であることを知る消費者の割合について、おおむね平成二三年度までに五〇％以上とすることを目指す。

（4）都道府県における推進計画の策定と有機農業の推進体制の強化

現状では未だ取組の少ない有機農業を推進及び普及するためには、全国各地において、それぞれ農業者その他の関係者及び消費者の理解と協力を得ながら基本方針に基づく取組を進める必要がある。また、有機農業推進法第七条第一項において、都道府県は、基本方針に即して有機農業の推進に関する施策についての計画（以下「推進計画」という。）を定めるよう努めることとされている。

このため、推進計画を策定・実施している都道府県の割合をおおむね平成二三年度までに一〇〇％とすることを目指す。

併せて、全国各地において基本方針、推進計画に基づく取組を進めるため、有機農業者や有機農業の推進に取り組む民間の団体等を始め、流通業者、販売業者、実需者、消費者、行政部局、農業団体等で構成する有機農業の推進を目的とする体制が整備されている都道府県及び市町村の割合を、おおむね平成二三年度までに都道府県にあっては一〇〇％、市町村にあっては五〇％以上とすることを目指す。

第三　有機農業の推進に関する施策に関する事項

1　有機農業者等の支援

（1）有機農業の取組に対する支援

国及び地方公共団体は、有機農業に必要な技術の導入を支援するため、たい肥等の生産・流通施設等の共同利用機械・施設の整備の支援に努めるとともに、持続性の高い農業生産方式の導入の促進に関する法律（平成一一年法律第一一〇号）第四条第一項の規定に基づく持続性の高い農業生産方式の導入に関する計画（以下「導入計画」という。）の策定を有機農業者等に積極的に働きかけ、導入計画の策定及び実施に必要な指導及び助言、特例措置を伴う農業改良資金の貸付け等による支援に努める。

また、平成一九年度から実施する農地・水・環境保全向上対策を活用し、有機農業を含む環境負荷を大幅に低減する地域でまとまった先進的な取組に対して、当該取組を行う農業者にも配分可能な交付金等を交付することにより、有機農業者の支援に努める。

さらに、有機農業による地域農業の振興を全国に展開していくため、国は、そのモデルとなり得る有機農業を核とした地域振興計画を策定した地域に対し、当該地域振興計画の達成に必要な支援を行うとともに、有機農業者、地方公共団体、農業団体、有機農業の推進に取り組む民間の団体等の協力を得て、地域における有機農業に関する技術の実証及び習得の支援を行う。

（2）新たに有機農業を行おうとする者の支援

国及び地方公共団体は、関係団体と連携・協力して、有機農業を行おうとする新規就農希望者が円滑に就農できるよう、全国及び都道府県における就農相談、道府県農業大学校や就農準備校、有機農業の推進に取り組む民間の団体等における研修教育の推進、就農支援資金の貸付けによる支援等に努める。

また、有機農業を行おうとする新規就農希望者に対して適切な指導及び助言が行われるよう、国及び都道府県は、有機農業者や有機農業の推進に取り組む民間の団体等と連携・協力して、国、地方公共団体及び農業団体の職員等を対象に、必要な情報の提供を行うとともに、有機農業の意義や実態、有機農業の取組を支援できる各種施策に関する知識、有機農業に関する技術等を習得させるための研修の実施に努める。

（3）有機農業により生産される農産物の流通・販売面の支援

国及び地方公共団体は、農業団体等と連携・協力して、有機農業により生産される農産物について、その特色を活かした販売や消費者・実需者のニーズを反映した生産を実現するため、有機農業者に対し、JAS法に基づく有機農産物の日本農林規格（平成一七年一〇月二七日農林水産省告示第一六〇五号）や生産情報公表農産物の日本農林規格（平成一七年六月三〇日農林水産省告示第一一六三号）等の活用、農産物の生産・出荷情報を流通業者、販売業者、実需者及び消費者に広く提供するネットカタログ等を利用した情報の受発信を積極的に働きかける。

また、直売施設やインターネットを利用した販売活動等に取り組む有機農業者に対し、消費者や実需者との情報の受発信を積極的に働きかける。

さらに、農産物直売施設等の整備の支援に努めるとともに、相当程度の量でまとまって有機農業により生産される農産物を確保できる場合は、関係団体と連携・協力して、流通業者、販売業者又は食品製造業者や外食業者等の実需者と、有機農業者、農業団体等との意見交換や商談の場の設定、卸売市場流通における第三者販売や直荷引きの仕組みの適用等を通じ、有機農業者や農業団体等と、流通業者、販売業者や実需者との橋渡しに努める。

2　技術開発等の促進

(1)有機農業に関する技術の研究開発の促進

国及び都道府県は協力して、有機農業者を始め民間の団体等で開発、実践されている様々な技術を探索するとともに、これらの技術を適切に組み合わせること等により、品質や収量を安定的に確保できる有機農業の技術体系を確立するため、当該技術の導入効果、適用条件を把握するための実証試験等に取り組むよう努める。

また、国は、有機農業の実態を踏まえ、既に取り組まれている有機農業に関する技術の科学的な解明や、これらを普及するために必要な技術の開発など、有機農業の推進に必要な研究課題を設定するとともに、研究開発の実施に当たっては、試験研究独立行政法人を始め、都道府県、大学、民間の試験研究機関、行政部局、有機農業者等の参画を得て、有機農業に関する研究開発の計画的かつ効果的な推進に努める。

地方公共団体においては、その立地条件に適応した有機農業に関する技術の研究開発、他の研究機関等が開発した技術を含む新たな技術を地域の農業生産の現場に適用するために必要な実証試験等に取り組むよう努める。

(2)研究開発の成果の普及の促進

国及び地方公共団体は、有機農業に関する有用な技術の研究開発の成果を普及するため、研究開発の成果に関する情報の提供に努めるとともに、都道府県の普及指導センターを中心に、地域の実情に応じ、市町村、農業団体等の地域の関係機関や、有機農業者、民間の団体等と連携・協力して、農業者への研究開発の成果の普及に努める。

また、有機農業者及び今後、有機農業を行おうとする者に対し、新たな研究開発の成果、知見に基づく効果的な指導及び助言が行われるよう、国及び都道府県は、有機農業者の協力を得て、普及指導員等に対する有機農業に関する研究開発の成果等に係る技術及び知識を習得させるための研修の内容、情報提供の充実を図るとともに、有機農業者等の技術に対するニーズを的確に把握し、それを試験研究機関における研究開発に反映させるよう努める。

3　消費者の理解と関心の増進

国及び地方公共団体は、有機農業に対する消費者の理解と関心を増進するため、有機農業者と消費者との連携を基本としつつ、インターネットの活用やシンポジウムの開催による情報の受発信、資料の提供、優良な取組を行った有機農業者の顕彰等を通じて消費者を始め、流通業者、販売業者、実需者、学校関係者等に対し、自然循環機能の増進、環境への負荷の低減、生物多様性の保全など、有機農業の有する様々な機能についての知識の普及啓発並びに有機農業による農産物の生産、流通、販売及び消費に関する情報の提供に努める。

また、民間の団体等による消費者の理解と関心を増進するための自主的な活動を促進するため、これらの者による優良な取組についての顕彰及び情報の発信に取り組むとともに、消費者に対するＪＡＳ法に基づく有機農産物等の表示ルール・検査認証制度の普及啓発に努める。

4　有機農業者と消費者の相互理解の増進

国及び地方公共団体は、有機農業者と消費者の相互理解の増進を図るため、食育や地産地消、農業体験学習、都市農村交流等の活動と連携して、地域の消費者や児童・生徒、都市住民等が地域の豊かな自然環境の下で営まれる有機農業に対する理解を深める取組の推進に努める。

また、民間の団体等による有機農業者と消費者の相互理解を増進するための自主的な活動を促進するため、これらの者による優良な取組についての顕彰及び情報の発信に努める。

5　調査の実施

国は、有機農業により生産される農産物の生産、流通、販売及び消費の動向等の基礎的な情報、有機農業に関する技術の開発・普及の動向、地域の農業との連携を含む有機農業に関する取組事例その他の有機農業の推進のために必要な情報を把握するため、地方公共団体、有機農業により生産される農産物の生産、流通又は販売に関する団体その他の有機農業の推進に取り組む民間の団体等の協力を得て、必要な調査を実施する。

6　国及び地方公共団体以外の者が行う有機農業の推進のための活動の支援

国及び地方公共団体は、有機農業の推進のための活動に自主的に取り組む民間の団体等に対し、情報の提供、指導及び助言その他の必要な支援を行うとともに、これらの者と連携・協力して有機農業の推進のための活動を効果的に展開できるよう、相談窓口を設置するなどの所要の体制の整備に努める。

また、これらの民間の団体等による自主的な活動を促進するため、優良な取組の顕彰及び情報の発信に努める。

7　国の地方公共団体に対する援助

国は、都道府県に対し、基本方針、当該都道府県における有機農業の実態等を踏まえて定める有機農業の推進の方針、当該方針に基づきおおむね五年の間に実施する施策、有機農業を推進するに当たっての関係機関・団体等との連携・協力、有機農業者等の意見の反映、推進状況の把握及び評価の方法を内容とする推進計画の策定を積極的に働きかけるとともに、その策定に必要な情報の提供、指導及び助言に努める。

また、地方公共団体が行う有機農業の推進に関する施策の策定及び実施に関し、必要な指導及び助言を行うとともに、地方公共団体の職員が有機農業の意義や実態、有機農業の推進に関する施策の体系、先進的な取組事例等有機農業に関する総合的な知識を習得できる研修の実施に努める。

第四　その他有機農業の推進に関し必要な事項

1　関係機関・団体との連携・協力体制の整備

(1)国及び地方公共団体における組織内の連携体制の整備

有機農業の推進に関する施策は、有機農業による農産物の生産、流通、販売及び消費の各側面から有機農業の推進のために必要な施策を総合的に講じることとされている。これらの施策を計画的かつ一体的に推進し、施策の効果を高めるため、国は、これらの施策を担当する部局間の連携を確保する体制の整備に努める。

また、地方公共団体に対し、同様の体制を整備するよう働きかける。

(2)有機農業の推進体制の整備

有機農業の推進に当たっては、農業者その他の関係者及び消費者の理解と協力を得るとともに、有機農業者や民間の団体等が自主的に有機農業の推進のための活動を展開している中で、これらの者と積極的に連携する取組が重要である。

このため、国は、全国、地方ブロックの各段階において有機農業者や有機農業の推進に自主的に取り組む民間の団体等を始め、流通業者、販売業者、実需者、消費者、行政部局及び農業団体等で構成する有機農業の推進体制を整備し、これらの者と連携・協力して、有機農業の推進に取り組むよう努める。

また、地方公共団体に対し、同様の体制を整備するよう働きかける。

(3)有機農業に関する技術の研究開発の推進体制の整備

有機農業に関する技術の研究開発については、試験研究独立行政法人、都道府県の試験研究機関に加え、有機農業者を始めとする民間の団体等においても自主的な活動が展開されており、これらの民間の団体等と積極的に連携・協力することにより、技術の開発が効果的に行われることが期待できる。

このため、国は、全国、地方ブロックの各段階において、試験研究機関のほか、行政・普及担当部局、有機農業者、農業団体等の参画を得て、研究開発の計画的かつ効果的な推進のための意見交換、共同研究等の場の設定を図るとともに、関係する研究開発の進捗状況を一元的に把握するよう努める。

また、地方公共団体に対し、同様の体制を整備するよう働きかける。

2　有機農業者等の意見の反映

国及び地方公共団体は、有機農業の推進に関する施策の策定に当たっては、意見公募手続の実施、現地調査、有機農業者等との意見交換その他の方法により、有機農業者その他の関係者及び消費者の当該施策についての意見や考え方を積極的に把握し、これらを当該施策に反映させるよう努める。

また、国は、有機農業による農産物の生産、流通、販売及び消費の動向を常に把握し、その進捗状況に応じた施策等の検討を行う体制を整備するとともに、地方公共団体に対し、同様の体制を整備するよう働きかける。

3　基本方針の見直し

この基本方針は、有機農業推進法で示された基本理念及び有機農業の推進に関する施策の基本となる事項に従い、基本方針の策定時点での諸情勢に対応して策定したものである。

しかしながら、今後、有機農業を含めた農業を取り巻く情勢も大きく変わることが十分考えられる。また、目標の達成状況や施策の推進状況等によっても、基本方針の見直しが必要となる場合が考えられる。

このため、この基本方針については、平成一九年度からおおむね五年間を対象として定めるものとするが、見直しの必要性や時期等を適時適切に検討することとする。

あとがき

本書は、二〇〇四年の秋に始まり、現在まで継続している有機農業推進法制定とその後の政策形成過程について、中間総括としてまとめたものです。本書では、その過程を日本の有機農業の第Ⅰ期から第Ⅱ期への転換、移行過程と位置づけています。

時代の課題を受けとめて主体的に生きようと心に決めた大学入学のころから四五年が過ぎて、率直な感想は、志は正しくても時代は思うようには動かないということでした。しかし、二〇〇四年秋からの六年余については、時代はたしかに動いたと実感できました。どのように動いたのかについては、第Ⅰ部をお読みいただきたいと思います。その希有な転換と変動の過程に微力ながら主体的に関与できたことは、たいへん大きな喜びでした。

有機農業推進法制定へと進んだ社会的過程に、私はまず日本有機農業学会のメンバーとして、足立恭一郎さんや本城昇さんらと参画しました。また、同じく二〇〇四年の秋から始動した民間の運動を「農を変えたい！全国運動」として大きく展開させることに、本田廣一さんとともに力を尽くしました。その過程で、吉野隆子さんや長谷川浩さんには非常に多くの助力をいただきました。記して謝意を表します。

この六年余は、茨城大学での校務についても多忙な時期でした。力不足のままに農学部付属農場長、茨城大学地域連携本部長、農学部長などを務めることになったからです。とくに、学部長の二年間には校務遂行に関して、高原英成先生、塩光輝先生、阿久津克己先生、太田寛行先生に、言葉に尽くせないほどのお世話になりました。ありがとうございました。

また、大学の地元である阿見町での地域連携活動も、この間の私の大切な仕事でした。旧友である地元専業農家の飯野良治さんからの依頼で、耕作放棄地再生をテーマとした「うら谷津再生プロジェクト」が二〇〇四年にスタートします。そして、地元で市民耕作などに取り組む諸グループが結び合った「あみ自然再生ネットワーク」(佐藤征男代表)を設立したのが二〇〇六年一月です。二〇一〇年からは八名の教員の参画で、「茨城大学有機農業研究プロジェクト」(代表：小松崎将一先生)もスタートしました。

有機農業推進法制定にかかわる民間の社会運動も、茨城大学での校務も、大学の地元での地域連携活動も、そして日常の研究・教育活動も、私としてはバラバラではなく互いに結び合う一つの取り組みだったと考えています。お世話になった皆様への感謝をこめて、そのことを最後に明記させていただきます。

本書の刊行には、前著に引き続きコモンズの大江正章さんに全面的にお世話になりました。これもまた、たいへんうれしいことです。ありがとうございました。

二〇一一年六月七日

中島紀一

〈初出一覧〉

序章
次の二つの旧稿を素材に大幅に改稿した。

「有機農業推進法制定の意義とこれからの課題」『週刊農林』二〇〇六年一二月二五日号。

「二一世紀農業の基本モデルとしての有機農業——食と環境といのちを繫ぐ地域農業の展開のなかで」『技術と普及』二〇〇八年九月号。

第1章～第3章
次の諸稿を素材に大幅に改稿した。

「有機農業推進法の施行と有機農業技術開発の戦略課題」日本有機農業学会編『有機農業研究年報7有機農業の技術開発の課題』コモンズ、二〇〇七年。

「有機農業推進法が施行されて一年」『週刊農林』二〇〇七年一一月五日号。

「有機農業推進法制定の意義と今後への政策課題」『農業と経済』二〇〇九年四月臨時増刊号。

「推進法制定四年目を迎えた有機農業政策の動向と民間での取組みの展開」『有機農業研究』第二巻第一号、二〇一〇年。

「有機農業技術の可能性と課題」『農林水産技術研究ジャーナル』三三巻四号、二〇一〇年。

第4章
次の二つの旧稿を素材に改稿した。

「有機農業法制論の転換を——表示規制から農業ビジョン論へ」『有機農業研究年報5有機農業法のビジョンと可能性』コモンズ、二〇〇五年。

「改正ＪＡＳ法について——有機農業振興とＪＡＳ法の接点とズレ」有機農業推進議員連盟勉強会、二〇〇五年四月二七日。

第5章
次の諸稿を素材に大幅に改稿した。

「「新食品安全行政」では食と農業の断絶は縮まらない」『農村と都市をむすぶ』二〇〇三年五月号。

「食の海外依存改め、米食復権を」『エコノミスト』二〇〇八年四月八日号。

「食の安心・安全は農との連携なしにはあり得ない――有機農業の可能性と実現性」『論座』二〇〇八年五月号。

「食の見直しと農の再生――身土不二の視点から」『環』四〇号、二〇一〇年。

第6章

次の諸稿を素材に大幅に改稿した。

「環境保全型農業から環境創造型農業へ――「グリーンストックプラン」についてのいくつかの政策理論問題」『有機農業研究年報2有機農業――政策形成と教育の課題』コモンズ、二〇〇二年。

「有機農業と環境保全型農業の政策的関連性と相違性」『農村と都市をむすぶ』二〇〇九年六月号。

「いのち育む農業への転換を――新政権の下で環境保全型農業・有機農業をどのように推進していくのか」『農業と経済』二〇一〇年一月臨時増刊号。

第7章

「生物多様性の保全と農業・農村技術政策の転換」『農業と経済』二〇一〇年九月号。

第8章

「いのちが見えなくなる時代と有機農業の意味」『有機農業研究年報6いのち育む有機農業』コモンズ、二〇〇六年。

第9章

次の二つの私家版パンフレットを基に改稿した。

「農業の国民的基盤を広げ深めていくために」二〇一〇年一月一八日。

「主業農家のみなさんが日本農業の中核として生きていくために」二〇一〇年一月二三日。

終章

次の政策提言の後半部分を抜粋引用した。

「「農」と「田舎」の再生が新しい時代を拓く――自然と共にある農を大切にしてきた有機農業からの提案」『全国有機農業推進協議会政策提言』二〇一〇年二月。

有機農業選書刊行の言葉

二一世紀をどのような時代としていくのか。社会は大きな変革の道を模索し始めたように思われます。向かうべき方向は、農業と農村を社会の基礎にあらためて位置づけること以外にあり得ないでしょう。

有機農業はすでに七〇年余の歴史を有する在野の農業運動です。それは新たな農業のあり方を示すだけでなく、地球と人類社会のあり方に関しても自然との共生という重要な問題提起をしてきました。時代の転換が求められるいまこそ、有機農業の問いかけを社会全体が受けとめていくときです。

この有機農業選書は、有機農業についてのさまざまな知見を、わかりやすく、かつ体系的に取りまとめ、社会に提示することを目的として刊行されました。本選書の積み上げのなかから、有機農業の百科全書的世界が拓かれることをめざしていきたいと考えます。

〈著者紹介〉

中島　紀一（なかじま・きいち）

1947年　埼玉県生まれ。
1970年　東京教育大学農学部卒業。
1972年　東京教育大学大学院農学研究科修士課程修了。
東京教育大学農学部助手、筑波大学農林学系助手を経て
1993年　鯉淵学園教授（農業経営学担当）。
2001年　茨城大学農学部教授（農環境政策学担当）。
この間、日本有機農業学会会長、農を変えたい！全国運動代表などを務めた。また、1987年に茨城県八郷町（現石岡市）に移住し、自然と人情に囲まれた暮らしをしている。茨城大学では、耕作放棄の谷津田5ha、それを囲む林地30haの利用再生のプロジェクトに農家、市民、学生らと取り組む。

専門分野　総合農学、農業技術論、農業政策論。
主　著　『食べものと農業はおカネだけでは測れない』（コモンズ、2004年）。
編　著　『有機農業の技術と考え方』（コモンズ、2010年）。
共　著　『安全でおいしい有機米づくり』（家の光協会、1993年）。

〈有機農業選書2〉
有機農業政策と農の再生●新たな農本の地平へ

二〇一一年七月一日　初版発行

著　者　中島紀一
© Kiichi Nakajima, 2011, Printed in Japan.
編集協力　日本有機農業学会
発行者　大江正章
発行所　コモンズ
〒161-0033　東京都新宿区下落合一-五-一〇-一〇〇二
TEL〇三（五三八六）六九七二
FAX〇三（五三八六）六九四五
振替　〇〇一一〇-五-四〇〇一二〇
info@commonsonline.co.jp
http://www.commonsonline.co.jp/

印刷／理想社・製本／東京美術紙工
乱丁・落丁はお取り替えいたします。
ISBN 978-4-86187-080-4 C 1061

＊好評の既刊書

〈有機農業選書1〉
地産地消と学校給食　有機農業と食育のまちづくり
●安井孝　本体1800円＋税

食べものと農業はおカネだけでは測れない
●中島紀一　本体1700円＋税

有機農業の技術と考え方
●中島紀一・金子美登・西村和雄編著　本体2500円＋税

いのちと農の論理　地域に広がる有機農業
●中島紀一編著　本体1500円＋税

天地有情の農学
●宇根豊　本体2000円＋税

みみず物語　循環農場への道のり
●小泉英政　本体1800円＋税

わたしと地球がつながる食農共育
●近藤惠津子　本体1400円＋税

いのち育む有機農業〈有機農業研究年報6〉
●日本有機農業学会編　本体2500円＋税

有機農業の技術開発の課題〈有機農業研究年報7〉
●日本有機農業学会編　本体2500円＋税

本来農業宣言
●宇根豊・木内孝ほか　本体1700円＋税

半農半Xの種を播く　やりたい仕事も、農ある暮らしも
●塩見直紀と種まき大作戦編著　本体1600円＋税